essentials

essentials liefern aktuelles Wissen in konzentrierter Form. Die Essenz dessen, worauf es als „State-of-the-Art" in der gegenwärtigen Fachdiskussion oder in der Praxis ankommt. *essentials* informieren schnell, unkompliziert und verständlich

- als Einführung in ein aktuelles Thema aus Ihrem Fachgebiet
- als Einstieg in ein für Sie noch unbekanntes Themenfeld
- als Einblick, um zum Thema mitreden zu können

Die Bücher in elektronischer und gedruckter Form bringen das Expertenwissen von Springer-Fachautoren kompakt zur Darstellung. Sie sind besonders für die Nutzung als eBook auf Tablet-PCs, eBook-Readern und Smartphones geeignet. *essentials:* Wissensbausteine aus den Wirtschafts-, Sozial- und Geisteswissenschaften, aus Technik und Naturwissenschaften sowie aus Medizin, Psychologie und Gesundheitsberufen. Von renommierten Autoren aller Springer-Verlagsmarken.

Weitere Bände in der Reihe http://www.springer.com/series/13088

Algebraische Strukturen

Eine kurze Einführung

Jürgen Jost

Jürgen Jost
Max-Planck-Institut für Mathematik
in den Naturwissenschaften
Leipzig, Deutschland

ISSN 2197-6708 ISSN 2197-6716 (electronic)
essentials
ISBN 978-3-658-28314-8 ISBN 978-3-658-28315-5 (eBook)
https://doi.org/10.1007/978-3-658-28315-5

Die Deutsche Nationalbibliothek verzeichnet diese Publikation in der Deutschen Nationalbibliografie; detaillierte bibliografische Daten sind im Internet über http://dnb.d-nb.de abrufbar.

Springer Spektrum ist ein Imprint der eingetragenen Gesellschaft Springer Fachmedien Wiesbaden GmbH und ist ein Teil von Springer Nature.
Die Anschrift der Gesellschaft ist: Abraham-Lincoln-Str. 46, 65189 Wiesbaden, Germany

Was Sie in diesem *essential* finden können

- Eine solide Einführung in die grundlegenden algebraischen Strukturen der Gruppen, Ringe und Körper.
- Eine Darstellung, die sich an den wichtigsten Beispielen orientiert, den Zahlen im kommutativen Fall und den Permutationen im nichtkommutativen Fall.
- Einen Ausblick auf wesentliche Konzepte und Resultate der modernen Mathematik, von den p-adischen Zahlen bis zur Galoistheorie der Auflösung von algebraischen Gleichungen und zur Klassifikation der endlichen Gruppen.

Inhaltsverzeichnis

Einführung: Die algebraische Struktur der natürlichen Zahlen 1

1.1 Addition und Multiplikation

Wir kennen alle die natürlichen Zahlen $\mathbb{N} = \{1, 2, 3, \ldots\}$, die wir addieren und miteinander multiplizieren können. Wir haben also zwei algebraische Operationen $\mathbb{N} \times \mathbb{N} \to \mathbb{N}$,

$$(m, n) \mapsto m + n \tag{1.1}$$

$$(m, n) \mapsto mn. \tag{1.2}$$

Man beachte hierbei schon die Konvention, dass wir das Symbol $\cdot$ für die Multiplikation weglassen, also einfach mn statt $m \cdot n$ schreiben.

Diese Operationen erfüllen einige wichtige Regeln. Zunächst die Assoziativität

$$(k + m) + n = k + (m + n) \tag{1.3}$$

$$\text{und} \quad (km)n = k(mn) \quad \text{für alle } k, m, n \in \mathbb{N}. \tag{1.4}$$

Es kommt also nicht auf die Reihenfolge an, in der wir die Operationen ausführen. Wir können zuerst k mit m und dann das Ergebnis mit n verknüpfen, oder wir können k mit dem Ergebnis der Verknüpfung von m und n verknüpfen. Wir schreiben daher einfach $k + m + n$ bzw. kmn ohne Klammern für die Reihenfolge der Operationen. Klammern sind allerdings wichtig, wenn beide Operationen zusammen auftreten. Hierfür gilt das Distributivgesetz

$$k(m + n) = km + kn \text{ und } (k + m)n = kn + mn \text{ für alle } k, m, n \in \mathbb{N}. \tag{1.5}$$

© Springer Fachmedien Wiesbaden GmbH, ein Teil von Springer Nature 2019
J. Jost, *Algebraische Strukturen*, essentials,
https://doi.org/10.1007/978-3-658-28315-5_1

Wenn wir zwei verschiedene Operationen vornehmen, hier Addition und Multiplikation, kommt es auf die Reihenfolge an, in der sie ausgeführt werden. Die Konvention lautet, zuerst zu multiplizieren und dann zu addieren, und wenn von dieser Konvention abgewichen wird, müssen wie auf den linken Seiten in (1.5) Klammern gesetzt werden.

Bei der Addition und Multiplikation von natürlichen Zahlen kommt es nicht nur nicht auf die Reihenfolge der Operationen an, wie im Assoziativgesetz (1.3), (1.4) zum Ausdruck gebracht, sondern auch nicht auf die Reihenfolge der Operanden. Dies ist das Kommutativgesetz

$$m + n = n + m \tag{1.6}$$

$$\text{und} \quad mn = nm \quad \text{für alle } m, n \in \mathbb{N}. \tag{1.7}$$

Mittels (1.7) lassen sich übrigens die beiden Formeln in (1.5) zu einer zusammenfassen.

Wir können also natürliche Zahlen addieren und multiplizieren, allerdings nicht in allen Fällen voneinander subtrahieren oder durcheinander dividieren. Und zwar können wir eine Subtraktion in $\mathbb{N}$,

$$n - m \tag{1.8}$$

nur dann vornehmen, wenn $n > m$ ist, und eine Division

$$\frac{n}{m} \tag{1.9}$$

nur dann, wenn m ein Teiler von n ist. Wir wollen dieses Problem nun allgemeiner fassen.

1.2 Beschränkungen

In der Algebra will man algebraische Gleichungen lösen, also Gleichungen

$$f(x) = c(x) \tag{1.10}$$

mit einer Unbekannten x, wobei f und c durch algebraische Operationen, in unserem Fall der natürlichen Zahlen also durch Additionen und Multiplikationen definiert sind.

Hier sind einige Beispiele:

1.
$$2 + x = 3$$

2.
$$2 + x = 2$$

3.
$$2 + x = 3 + x$$

4.
$$2 + x = 1$$

5.
$$3x = 5$$

6.
$$x^2 = 2$$

7.
$$x^2 + 2 = 1$$

wobei natürlich x^2 für xx steht.

Die erste Gleichung wird durch $x = 1$ gelöst, aber alle anderen Gleichungen lassen sich durch kein $x \in \mathbb{N}$ erfüllen. Das ist natürlich schlecht, und wir brauchen daher noch andere Zahlen als nur die natürlichen, um diese Probleme zu beheben. Wir wissen natürlich alle, wie das geht, aber die verschiedenen Konstruktionen zur Erweiterung der natürlichen Zahlen sind Beispiele für allgemeine algebraische Strukturen und sollen daher hier kurz genannt werden.

Für 2. müssen wir nur die 0 (Null) zu $\mathbb{N}$ hinzufügen. Wir bezeichnen die derart erweiterten natürlichen Zahlen, also $\{0, 1, 2, \dots\}$ mit $\mathbb{N}_0$. 0 ist das neutrale Element der Addition, was bedeutet, dass

$$n + 0 = n \quad \text{für alle } n \in \mathbb{N} \text{ gilt.} \tag{1.11}$$

Für 3. können wir ein Element ∞ hinzufügen, das

$$\infty + n = \infty \quad \text{für alle } n \in \mathbb{N} \text{ erfüllt.} \tag{1.12}$$

Allerdings wird uns dies später Schwierigkeiten bereiten, so dass wir das gegebenenfalls wieder zurücknehmen müssen und 3. unlösbar lassen müssen.

Um 4. lösbar zu machen, erweitern wir $\mathbb{N}$ zu den ganzen Zahlen $\mathbb{Z} := \{\ldots, -3, -2, -1, 0, 1, 2, 3, \ldots\}$, schaffen also für jedes $n \in \mathbb{N}$ ein inverses Element $-n$, das

$$n - n := n + (-n) = 0 \tag{1.13}$$

erfüllt.

Für 5. benötigen wir die rationalen Zahlen $\mathbb{Q} := \{\frac{n}{m} : n, m \in \mathbb{Z}, m \neq 0\}$, für 6. dann die reellen Zahlen $\mathbb{R}$ und schließlich für 7. die komplexen Zahlen $\mathbb{C}$. In $\mathbb{C}$ können wir dann jede polynomiale Gleichung

$$\sum_{j=0}^{N} a_j x^j = 0 \tag{1.14}$$

für $N \geq 1$ und $a_j \in \mathbb{C}$ für alle j lösen (sofern nicht $a_j = 0$ für alle $j > 0$, aber $a_0 \neq 0$). Und zwar gibt es nach dem Fundamentalsatz der Algebra stets N Lösungen, die allerdings nicht alle voneinander verschieden sein müssen. Diese Lösungen heißen auch Nullstellen des in (1.14) auftretenden Polynoms. Beispielsweise hat $x^2 = 0$ eine doppelte Nullstelle bei $x = 0$.

Das Vorstehende wird nun ein Leitfaden zu einem abstrakteren Aufbau algebraischer Strukturen sein.

Operationen **2**

2.1   Monoide und Gruppen

Algebraische Operationen verknüpfen typischerweise zwei Elemente einer Menge
zu einem neuen Element. Diese Operationen müssen dann bestimmte Regeln erfüllen, die die jeweilige algebraische Struktur definieren. Die wichtigsten Regeln
sind das Assoziativgesetz und die Existenz eines neutralen Elements. Diese beiden Regeln werden in der nachfolgenden Definition gefordert.

Definition 2.1.1 Ein *Monoid M* ist eine Menge mit einer Verknüpfungsregel

$$(g, h) \to gh \tag{2.1}$$

gh wird auch als das Produkt von g und h bezeichnet. Einem Paar von Elementen
aus M wird also ein neues Element aus M, ihr Produkt, zugeordnet.

Wir verlangen, dass dieses Produkt *assoziativ* ist, dass also

$$(gh)k = g(hk) \text{ für alle } g, h, k \in M, \tag{2.2}$$

gilt. Außerdem fordern wir die Existenz eines *neutralen Elementes e* mit

$$eg = ge = g \text{ für alle } g \in M. \tag{2.3}$$

Der Monoid M heißt *kommutativ,* wenn

$$gh = hg \text{ für alle } g, h \in M \tag{2.4}$$

gilt.

© Springer Fachmedien Wiesbaden GmbH, ein Teil von Springer Nature 2019   5
J. Jost, *Algebraische Strukturen*, essentials,
https://doi.org/10.1007/978-3-658-28315-5_2

Wenn der Monoid M nicht kommutativ ist, gilt also möglicherweise $gh \neq hg$, zumindest für einige $g, h \in M$.

Beispiele kommutativer Monoide sind $\mathbb{N}$ mit der Multiplikation und 1 als neutralem Element und $\mathbb{N}_0$ mit der Addition und 0 als neutralem Element. Wir hätten also bei der Definition eines Monoides die Verknüpfungsregel auch durch $+$ bezeichnen können, aber um das Nachfolgende konsistenter zu machen, verwenden wir eine multiplikative Notation. Auch $\mathbb{N}_\infty := \mathbb{N}_0 \cup \{\infty\}$ wird mit der Additionsregel ein Monoid, wenn wir noch setzen

$$h + \infty := \infty + h := \infty \text{ für alle } h \in \mathbb{N}_\infty. \tag{2.5}$$

Sogar auf der Menge $\{0, 1\}$ gibt es zwei verschiedene Monoidstrukturen, deren Operationen wir mit $\cdot$ und $+$ bezeichnen,

$$0 \cdot 0 = 0, \ 0 \cdot 1 = 0, \ 1 \cdot 0 = 0, \ 1 \cdot 1 = 1 \text{ und} \tag{2.6}$$
$$0 + 0 = 0, \ 0 + 1 = 1, \ 1 + 0 = 1, \ 1 + 1 = 0. \tag{2.7}$$

Auch die Abbildungen $f : S \to S$ einer Menge S bilden einen (allerdings nicht kommutativen) Monoid, da man sie miteinander verknüpfen kann, also aus zwei solchen Abbildungen f, g die Komposition $g \circ f$ mit $g \circ f(x) = g(f(x))$ für $x \in S$ bilden kann. Das neutrale Element ist dann natürlich die Identitätsabbildung $\mathrm{id}(x) = x$. Wenn man solche Abbildungen als Operationen auffasst, enthält die Definition eines Monoids die minimalen Anforderungen, die man sinnvollerweise stellen sollte, dass nämlich Operationen assoziativ komponiert werden können und dass es eine Operation gibt, die Identität, die nichts verändert.

In einem Monoid wird nicht verlangt, dass die Operationen invertiert werden können. Insbesondere können wir nicht kürzen. Aus

$$gh = gk \text{ folgt nicht } h = k. \tag{2.8}$$

So können wir beispielsweise in $\mathbb{N}_\infty$ mit der Regel (2.5) ∞ nicht wegkürzen, da für alle $h, k \in \mathbb{N}_\infty$ $\infty + h = \infty + k$ gilt. Dies beschränkt die Möglichkeiten des Rechnens in allgemeinen Monoiden. Wir verschärfen daher nun unsere Forderungen und verlangen, dass es zu jedem Element ein Inverses gibt. Dies führt uns zum Begriff der Gruppe, einem der zentralen Konzepte der Mathematik. Die Struktur einer Gruppe ist einerseits allgemein genug, um viele wichtige mathematische Strukturen zu erfassen, und erlaubt andererseits ein so effizientes Rechnen, dass viele strukturelle Aussagen abgeleitet werden können.

Definition 2.1.2 Eine *Gruppe G* ist ein Monoid, in dem jedes $g \in G$ ein inverses Element $g^{-1} \in G$ besitzt, das

$$gg^{-1} = g^{-1}g = e. \tag{2.9}$$

erfüllt.

Das Element e und das Inverse g^{-1} eines gegebenen Elementes g sind dann eindeutig bestimmt. Gäbe es beispielsweise zwei neutrale Elemente e_1, e_2, die beide (2.3) erfüllen, so folgte

$$e_1 e_2 = e_1 \text{ und } e_1 e_2 = e_2, \text{ also } e_1 = e_2.$$

Ähnlich erschließen wir aus (2.9) die Eindeutigkeit des Inversen, und auch

$$\left(g^{-1}\right)^{-1} = g. \tag{2.10}$$

Das Inverse eines Inversen ist also das ursprüngliche Element selbst.

Definition 2.1.3 Wir nennen eine Teilmenge S einer Gruppe G ein *Erzeugendensystem*, wenn jedes Element aus G als ein Produkt von Elementen aus S und deren Inversen geschrieben werden kann. (Ein solches Erzeugendensystem ist nicht eindeutig.)

Die Gruppe G heißt *frei*, wenn es keine nichttrivialen Relationen gibt. Dies bedeutet, dass es ein derartiges Erzeugendensystem S gibt, dass jedes Element von G in *eindeutiger* Weise als ein Produkt von Elementen aus S und deren Inversen geschrieben werden kann, abgesehen davon, dass man natürlich immer triviale Produkte der Form ss^{-1} einfügen kann. (Aber auch hierbei ist S selbst nicht eindeutig bestimmt.)

G heißt *torsionsfrei*, falls $g^n \neq e$ für alle $g \in G, n \in \mathbb{Z}, n \neq 0$.

Freie Gruppen sind torsionsfrei, denn wenn $g^n = e$ für ein $n \neq 0$, so kann e in mehr als einer Weise als Produkt in G ausgedrückt werden, und dies gilt dann auch für jedes andere Element, z. B. $h = g^n h$.

Analog zu (2.4) in Def. 2.1.1 formulieren wir

Definition 2.1.4 Die Gruppe G heißt *kommutativ* oder auch *abelsch*, falls

$$gh = hg \text{ für alle } g, h \in G. \tag{2.11}$$

In einer kommutativen Gruppe wird die Verknüpfung meist als $g + h$ geschrieben, mit $-h$ anstelle von h^{-1}, und das neutrale Element e heißt dann 0. Die Konvention ist also, dass eine Gruppe mit additiv geschriebener Verknüpfung automatisch als abelsch angenommen wird, während dies bei einer multiplikativen Schreibweise offen bleibt.

Das einfachste Beispiel einer Gruppe ist natürlich die triviale Gruppe, die nur ein einziges Element e besitzt, welches wie in jeder Gruppe die Regel $e \cdot e = e$ erfüllen muss.

Die kleinste nichttriviale Gruppe enthält zwei Elemente 0, 1, die den in (2.7) angegebenen Regeln genügen. Wir schreiben dies als $\mathbb{Z}_2 := (\{0, 1\}, +)$ mit $0 + 0 = 0 = 1 + 1$, $0 + 1 = 1 + 0 = 1$. Wenn wir dagegen die gleiche Menge mit der in (2.6) angegebenen Struktur betrachten, geschrieben als $M_2 := (\{0, 1\}, \cdot)$ mit $0 \cdot 0 = 0 \cdot 1 = 1 \cdot 0 = 0$, $1 \cdot 1 = 1$, so liegt ein Monoid vor, der keine Gruppe ist, denn 0 hat kein inverses Element. Denn da $0 \cdot q_1 = 0 \cdot q_2 = 0$ für alle q_1, q_2 ist, können wir 0 nicht herauskürzen, und wir haben das gleiche Problem wie im Falle von $\mathbb{N}_\infty$.

Allgemeiner haben wir für $q \geq 2$ die *zyklische Gruppe*

$\mathbb{Z}_q := (\{0, 1, \ldots, q-1\}, +)$ mit der modulo q definierten Addition, also $m + q \equiv m$ für alle m. Es gilt beispielsweise $1 + (q - 1) = 0$ oder $3 + (q - 2) = 1$. Wir können diese Menge auch mit der Multiplikation modulo q versehen, wodurch wir wiederum einen Monoid M_q erhalten, der keine Gruppe ist.

Die nichtnegativen ganzen Zahlen $\mathbb{N}_0$ mit der Addition bilden ebenfalls einen Monoid $\mathbb{N}_0$; dieser Monoid kann allerdings zur Gruppe $\mathbb{Z}$ der ganzen Zahlen erweitert werden.

Schließlich bilden auch die positiven rationalen Zahlen $\mathbb{Q}_+$ wie auch die nichtverschwindenden rationalen Zahlen $\mathbb{Q} \setminus \{0\}$ eine multiplikative Gruppe.

Definition 2.1.5 Eine Untergruppe H einer Gruppe G ist eine Teilmenge $H \subset G$, die selbst eine Gruppe unter der Gruppenoperation von G bildet. Wenn also $h, k \in H$, so auch $hk \in H$ und $h^{-1} \in H$. H ist also unter der Gruppenoperation von G abgeschlossen, d. h., wenn wir zwei Elemente aus H miteinander multiplizieren oder das Inverse eines Elementes aus H bilden, so liegt das Ergebnis wiederum in H.

Jede Gruppe G hat die triviale Gruppe $\{e\}$ und sich selbst als Untergruppen. Ein nichttriviales Beispiel ist $m\mathbb{Z} := \{\ldots, -2m, -m, 0, m, 2m, \ldots\}$ als Untergruppe von $\mathbb{Z}$. Und wenn $q \in \mathbb{N}$ durch $p \in \mathbb{N}$, $p \neq 1$, geteilt wird, dann ist $\{0, p, 2p, \ldots\}$ eine Untergruppe von $\mathbb{Z}_q$. Wenn q eine Primzahl ist (wenn also im Falle $q = mn$ mit

$m, n \in \mathbb{N}$ immer einer der beiden Faktoren $= q$ und der andere $= 1$ ist), dann enthält $\mathbb{Z}_q$ keine nichttrivialen Untergruppen. Eine arithmetische Eigenschaft, dass nämlich q eine Primzahl ist, übersetzt sich also in die gruppentheoretische Eigenschaft, dass $\mathbb{Z}_q$ keine nichttrivialen Untergruppen hat.

2.2 Homomorphismen

Wie wir schon beobachten konnten, gibt es nicht nur einen Monoid und eine Gruppe, sondern sehr viele. Ansonsten wären die Definitionen auch nicht besonders sinnvoll oder hilfreich. Aber auch wenn es sich nur um eine Sammlung isolierter Objekte handeln würde, zwischen denen keine strukturellen Beziehungen bestehen würden oder über die wir keine allgemeinen Aussagen treffen könnten, würde uns das nicht viel weiter bringen. Daher benötigen wir ein Konzept, das strukturelle Relationen ausdrückt.

Definition 2.2.1 Ein *Homomorphismus* zwischen zwei Monoiden M und N ist eine strukturerhaltende Abbildung $\phi : M \to N$. Um *strukturerhaltend* zu sein, muss ϕ die Bedingung

$$\phi(gh) = \phi(g)\phi(h) \text{ für alle } g, h \in M \tag{2.12}$$

erfüllen. (Auf der linken Seite von (2.12) steht die Verknüpfung der beiden Elemente g, h des Monoids M, auf der rechten Seite diejenige der Elemente $\phi(g), \phi(h)$ von N.) Außerdem muss die Beziehung

$$\phi(e_M) = e_N \tag{2.13}$$

zwischen den neutralen Elementen e_M, e_N von M und N gelten.

Genauso muss ein *Homomorphismus* zwischen zwei Gruppen G, H die Beziehung (2.12) für alle $g, h \in G$ erfüllen.

Ein Homomorphismus eines Monoids oder einer Gruppe auf sich selbst heißt *Endomorphismus.*

Bei einem Gruppenhomomorphismus brauchen wir (2.13) nicht explizit zu fordern, da es dann aus (2.12) und den Gruppeneigenschaften folgt. Aus (1.3) für beide Gruppen erhalten wir nämlich

$$\phi(g)e_N = \phi(g) = \phi(ge_M) = \phi(g)\phi(e_M),$$

und da wir in Gruppen kürzen können, folgt (2.13). Und daraus folgt dann auch, dass für alle $h \in G$ auch $\phi(h^{-1}) = \phi(h)^{-1}$ gilt.

Wenn die Gruppe G eine Untergruppe der Gruppe H ist, so ist die Inklusion $i : G \to H$ natürlich ein Homomorphismus, und Entsprechendes gilt für Monoide. Ein anderes Beispiel ist

$$n \mapsto 2n \tag{2.14}$$

als Homomorphismus des Monoids $\mathbb{N}_0$ oder der Gruppe $\mathbb{Z}$.

Definition 2.2.2 Ein umkehrbarer Homomorphismus zwischen Monoiden oder Gruppen heißt *Isomorphismus,* und die beiden Monoide bzw. Gruppen heißen dann *isomorph.*

Es kann durchaus mehrere Isomorphismen zwischen zwei Objekten geben. Auch ein- und dasselbe Objekt kann neben der Identitätsabbildung weitere Isomorphismen besitzen.

Definition 2.2.3 Ein Isomorphismus eines Monoids oder einer Gruppe mit sich selbst heißt *Automorphismus.*

$\mathbb{Z}$ besitzt nur einen nichttrivialen Automorphismus, $n \mapsto -n$.

In der zyklischen Gruppe $\mathbb{Z}_p$ für eine Primzahl p gibt es den *Frobenius-automorphismus*

$$x \mapsto x^p. \tag{2.15}$$

Dies ist tatsächlich ein Automorphismus von $\mathbb{Z}_p$, weil

$$(x + y)^p = x^p + \binom{p}{1}x^{p-1}y + \binom{p}{2}x^{p-2}y^2 + \cdots + y^p = x^p + y^p \bmod p,$$

weil alle Koeffizienten $\binom{p}{k}$, $k = 1, \ldots, p-1$, durch p teilbar sind und mithin mod p verschwinden. Nach dem leicht zu beweisenden „kleinen" Fermatschen Satz, dass nämlich

$$x^{p-1} = 1 \bmod p \quad \text{für } x \neq 0 \bmod p \tag{2.16}$$

ist, gilt dann sogar $x^p = x \bmod p$, weswegen der Frobeniusautomorphismus trivial ist.[1]

---

[1]Der Nutzen des Frobeniusautomorphismus zeigt sich bei Körpererweiterungen, ein Konzept, das wir im Abschn. 2.9 einführen werden. Da die Gleichung $x^p = x$ höchstens p Lösungen

Lemma 2.2.1 *Die Endomorphismen eines Monoids oder einer Gruppe bilden wieder einen Monoid, und die Automorphismen eines Monoids oder einer Gruppe bilden wiederum eine Gruppe, die Automorphismengruppe dieser Struktur.*

Beweis Endomorphismen können komponiert werden, und diese Komposition ist assoziativ. Und es gibt immer den trivialen Endomorphismus, die Identitätsabbildung der betreffenden Struktur, und dies ist dann das neutrale Element. Damit haben wir ein neutrales Element, und somit alles, was für einen Monoiden verlangt wird. Die Identität ist sogar ein Automorphismus. Als Isomorphismen sind Automorphismen invertierbar. Somit erfüllen die Automorphismen die Gruppenforderungen. $\square$

Einem Monoid oder einer Gruppe können wir also eine weitere Gruppe zuordnen, deren Automorphismengruppe. Meist ist diese Gruppe einfacher als die ursprüngliche Struktur. Z. B. ist die Automorphismengruppe von $\mathbb{Z}$ die Gruppe $\mathbb{Z}_2$, denn die Identität und $n \mapsto -n$ sind die einzigen Automorphismen von $\mathbb{Z}$. Für $\mathbb{Z}_2$ ist die Automorphismengruppe sogar trivial. Aber dadurch, dass wir einer Gruppe eine einfachere Gruppe, ihre Automorphismengruppe, zuordnen, können wir in vielen Fällen wichtige strukturelle Information über jene gewinnen.

Beispiele von Gruppenautomorphismen sind Konjugationen mit Gruppenelementen. Für ein Element g einer Gruppe G ist dieser Automorphismus durch

$$c_g : h \mapsto ghg^{-1} \quad \text{für } h \in G \tag{2.17}$$

gegeben. Dass dies tatsächlich ein Automorphismus (mit Inversem $c_{g^{-1}}$) ist, folgt aus $(ghg^{-1})(gkg^{-1}) = g(hk)g^{-1}$ für $h, k \in G$, wobei wir die Klammern nur zur Verdeutlichung gesetzt haben. Wenn G abelsch ist, sind allerdings alle Konjugationen trivial. Dafür ist im abelschen Fall $g \mapsto g^{-1}$ ein Automorphismus. (Für eine nichtabelsche Gruppe ist dies kein Automorphismus, weil i. A. $(gh)^{-1} = h^{-1}g^{-1} \neq g^{-1}h^{-1}$.)

Allgemein bilden die Endomorphismen einer Struktur, also die strukturerhaltenden Abbildungen, einen Monoid, die Automorphismen, also die invertierbaren strukturerhaltenden Abbildungen, eine Gruppe. Dies gilt nicht nur für die algebraischen Strukturen, die wir in diesem Büchlein kennen lernen werden, sondern auch für andere mathematische Strukturen, wie Mengen, topologische Räume, Mannigfaltigkeiten usw., und dies ist ein grundlegendes mathematisches Prinzip.

---

haben kann, sind diese in einer Körpererweiterung von $\mathbb{Z}_p$ schon durch die Elemente von $\mathbb{Z}_p$ gegeben. $\mathbb{Z}_p$ ist also genau die Fixpunktmenge des Frobeniusautomorphismus in einer Körpererweiterung.

2.3 Ringe und Körper

Auf den ganzen Zahlen $\mathbb{Z}$ gibt es neben der Addition noch eine weitere Operation, die Multiplikation. Dies führt zu unserer nächsten

Definition 2.3.1 Ein *Ring R* besitzt die Struktur einer kommutativen Gruppe, bezeichnet durch $+$ (und meist Addition genannt) sowie eine weitere Operation (Multiplikation genannt), die assoziativ, vgl. (1.12) und *distributiv* über $+$, vgl. (1.5), ist,

$$g(h + k) = gh + gk \text{ und } (h + k)g = hg + kg \text{ für alle } g, h, k \in G. \qquad (2.18)$$

Der Ring heißt *kommutativ,* falls die Multiplikation ebenfalls kommutativ ist. vgl. (2.4). Wir sagen, dass der Ring ein *Identitätselelment* oder eine *Eins* besitzt, falls es ein Element gibt, welches mit 1 bezeichnet wird, das

$$g1 = 1\,g = g \text{ für alle } g \in R \qquad (2.19)$$

erfüllt.

Weil $0 + 0 = 0$, impliziert das Distributivgesetz (2.18)

$$g0 = 0\,g = 0 \text{ für alle } g \in R. \qquad (2.20)$$

Ein Ring mit Eins besitzt also sowohl eine Gruppenstruktur (Addition) als auch eine Monoidstruktur (Multiplikation), die über der Gruppenstruktur distributiv ist.

Wenn wir zum Beispiel $\mathbb{Z}_q$ sowohl mit der Addition $+$ als auch der Multiplikation $\cdot$ modulo q versehen, erhalten wir einen Ring $(\mathbb{Z}_q, +, \cdot)$. Das einfachste Beispiel ist natürlich $\mathbb{Z}_2$ mit den beiden Operationen (2.7) und (2.6).

In einem Ring R kann es vorkommen, dass es Elemente $g \neq 0, h \neq 0$ mit

$$gh = 0 \qquad (2.21)$$

gibt. Solche Elemente heißen *Nullteiler.*

Definition 2.3.2 Ein kommutativer Ring ohne Nullteiler, in dem also (2.21) nur gelten kann, wenn $g = 0$ oder $h = 0$ ist, heißt *Integritätsbereich.*

Wir können die Operationen der Addition und Multiplikation auch noch auf eine etwas allgemeinere Weise miteinander verbinden.

Definition 2.3.3 Ein *Modul M* über einem Ring R ist eine abelsche Gruppe (mit einer durch $+$ bezeichneten Gruppenperation), deren Elemente durch Elemente aus R multipliziert werden können, was wir durch $(r, g) \mapsto rg \in M$ für $r \in R, g \in M$ bezeichnen, mit den folgenden Distributiv- und Assoziativgesetzen.

$$r(g + h) = rg + rh \tag{2.22}$$

$$(r + s)g = rg + sg \tag{2.23}$$

$$(rs)g = r(sg) \tag{2.24}$$

für alle $r, s \in R, g, h \in M$.

Wenn R eine Eins 1 besitzt, heißt der R-Modul *M unitär*, falls

$$1\,g = g \text{ für alle } g \in M. \tag{2.25}$$

Natürlich ist jeder Ring ein Modul über sich selbst, wie auch über jedem seiner Unterringe.[2] In der unten folgenden Definition 2.3.6 werden wir auch Teilmengen eines Ringes identifizieren, die unter der Multiplikation dieses Ringes abgeschlossen sind und daher auch Module bilden. In diesen Fällen ist die Operation der Multiplikation in der Struktur schon enthalten, aber der Begriff eines Moduls erlaubt es auch, die Multiplikation durch Elemente des Ringes als etwas Zusätzliches zu betrachten, das der internen Gruppenstruktur von M hinzugefügt wird. Insbesondere werden dann die Elemente von R nicht mehr als Elemente von M angesehen, sondern als Operationen auf M. Im Folgenden werden uns viele Module über Ringen begegnen. Insbesondere werden wir mehrmals mittels eines Ringes Strukturen erzeugen, auf denen dieser Ring dann wirkt.

Jedenfalls ist es ein wichtiges Prinzip, dass eine Struktur auf einer anderen wirken kann. In vielen Fällen operiert auch nicht ein Ring, sondern nur eine Gruppe oder ein Monoid. Die Gestalt der Wirkungen kann dabei sehr unterschiedlich sein. Beispielsweise kann eine Gruppe durch Translationen auf einem Raum operieren, oder ein Monoid wie die nichtnegativen ganzen oder reellen Zahlen kann durch eine Zeitverschiebung in einem dynamischen System wirken.

Wir kehren aber zu den Ringen zurück und lernen nun eine besonders wichtige Klasse von Ringen kennen, die in gewisser Weise besten oder vollkommensten.

---

[2]In der Definition 2.1.5 haben wir den Begriff der Untergruppe erklärt, und der Begriff des Unterrings ist analog definiert.

Definition 2.3.4 Ein kommutativer Ring R mit einer Eins $1 \neq 0$, für den $R \setminus \{0\}$ ebenfalls eine Gruppe unter der Multiplikation ist, in dem also jedes $g \neq 0$ ein multiplikatives Inverses g^{-1} mit

$$gg^{-1} = 1, \tag{2.26}$$

besitzt, heißt *Körper*.

Ein unitärer Modul über einem Körper heißt *Vektorraum*.

Wir kennen natürlich den Vektorraum $\mathbb{R}^d$, oder auch $\mathbb{C}^d$.

Wenn H ein Teilkörper des Körpers K ist, also ein in K enthaltener Körper, dann wird K ein Vektorraum über H. Wir können umgekehrt K auch als eine Erweiterung von H auffassen, und der Grad $[K : H]$ der Erweiterung ist definiert als die Dimension des Vektorraumes K über H. (Die Dimension eines Vektorraumes V über einem Körper H ist die mindestens erforderliche Anzahl n von Elementen $a, \ldots, a_n$ mit der Eigenschaft, dass sich jedes Element x aus V als $x = g_1 a_1 + \ldots g_n a_n$ mit Elementen $g_1, \ldots, g_n \in H$ schreiben lässt. Hierbei sind also $a_1, \ldots, a_n$ fest, während die Koeffizienten $g_1, \ldots, g_n$ von x abhängen. Beispielsweise hat $\mathbb{R}^d$ als Vektorraum über $\mathbb{R}$ die Dimension d.)

Ein Beispiel eines Körpers ist $\mathbb{Z}_2 = (\{0, 1\}, +, \cdot)$ mit den oben definierten Operationen.[3] Wir haben dann den Vektorraum $\mathbb{Z}_2^n$ über dem Körper $\mathbb{Z}_2$. Dieser Vektorraum besteht aus allen binären Ketten der Länge n; z. B. haben wir die Kette (1011) für $n = 4$. Die Addition wirkt komponentenweise modulo 2. So ist $(1100) + (0110) = (1010)$ in $\mathbb{Z}_2^4$. Die Wirkung des Körpers $\mathbb{Z}_2$ auf diesem Vektorraum ist durch $0 \cdot a = 0, 1 \cdot a = a$ für alle $a \in \mathbb{Z}_2^n$ gegeben. Und es gilt die einfache Regel, dass $a + b = 0 \in \mathbb{Z}_2^n$ genau dann, wenn $a = b$.

Allgemeiner ist $\mathbb{Z}_q$ mit der obigen Ringstruktur ein Körper genau dann, wenn q eine Primzahl ist. Wenn q keine Primzahl ist, gibt es nämlich Elemente ohne multiplikative Inverse, und zwar die Teiler von q. So haben wir in $\mathbb{Z}_4$ $2 \cdot 2 = 0$ mod 4.

Schließlich definieren wir noch

Definition 2.3.5 Eine *Algebra A* ist ein Modul über einem kommutativen Ring R mit einer bilinearen Multiplikation

---

[3]Wir haben jetzt die Gruppe $\mathbb{Z}_2$ mit einer weiteren Operation versehen, der Multiplikation, verwenden aber trotzdem noch das gleiche Symbol. Es ist sowieso üblich, die Notation beizubehalten, wenn ein mathematisches Objekt mit einer zusätzlichen Struktur versehen wird, und diese Struktur wird dann in den nachfolgenden Darlegungen meist implizit vorausgesetzt.

$$(r_1 a_1 + r_2 a_2)b = r_1 a_1 b + r_2 a_2 b \text{ für alle } a_1, a_2, b \in A, r_1, r_2 \in R$$

$$a(r_1 b_1 + r_2 b_2) = r_1 a b_1 + r_2 a b_2 \text{ für alle } a, b_1, b_2 \in A, r_1, r_2 \in R$$

$$(2.27)$$

(Hier bezeichnet beispielsweise $a_1 b$ die Multiplikation der beiden Elemente der Algebra, während $r_1 a$ die Multiplikation des Elementes a von A mit dem Element r_1 des Ringes R ist.)

Offensichtlich ist jeder kommutative Ring R nicht nur ein Modul, sondern auch eine Algebra über sich selbst. In diesem Fall ist Multiplikation in der Algebra das gleiche wie die Multiplikation mit einem Element des Ringes.

Weniger triviale, aber wichtige und typische Beispiele von Algebren bestehen aus Funktionen. Wir wollen diese nun systematisch konstruieren. Für eine Menge U bilden die Funktionen auf U mit Werten in einem Monoid, einer Gruppe oder einem Ring ebenfalls einen Monoid, eine Gruppe oder einen Ring. Wenn z. B. M ein Monoid ist, und $f : U \to M, g : U \to M$, so können wir für $x \in U$ einfach

$$(fg)(x) := f(x)g(x) \tag{2.28}$$

setzen, weil die Multiplikation auf der rechten Seite in dem Monoid M stattfindet, also durch dessen Struktur definiert ist. Außerdem können wir eine solche Funktion $f : U \to M$ mit einem Element m aus M multiplizieren,

$$(mf)(x) := mf(x). \tag{2.29}$$

Die Funktionen auf U mit Werten in einem kommutativen Ring bilden also eine Algebra. Ob die Menge U irgendeine Struktur trägt, spielt keine Rolle. Allerdings bilden die Funktionen mit Werten in einem Körper selbst keinen Körper, wenn U mehr als ein Element enthält. Wenn z. B. $x_1 \neq x_2 \in U$ und $f(x_1) = 0, f(x_2) = 1, g(x_1) = 1, g(x_2) = 0$, so ist $f(x)g(x) = 0$ für $x = x_1, x_2$, obwohl weder f noch g identisch 0 ist. Und eine Funktion, die an einem $x \in U$ verschwindet, besitzt keine multiplikative Inverse.

Eine Algebra kann auch auf die folgende Weise konstruiert werden. $\gamma : R \to S$ sei ein Homomorphismus kommutativer Ringe, wobei der Begriff des Ringhomomorphismus natürlich analog zu Abschn. 2.2 definiert ist; ein Ringhomomorphismus muss sowohl die additive als auch die multiplikative Struktur erhalten. S wird dann eine Algebra über R. Wir haben die Addition und Multiplikation in S, und

$(r, s) \mapsto \gamma(r)s$ liefert eine Multiplikation mit Elementen aus R, mithin die Modulstruktur für S. Die Multiplikation in S erfüllt dann die Bilinearitätsgesetze (2.27).

Wir wollen noch einmal auf das Beispiel der natürlichen Zahlen $\mathbb{N} = \{1, 2, 3, \dots\}$ mit der Addition zurückkommen. Sie bilden keinen Monoid, da das neutrale Element fehlt. Um dies zu beheben, fügen wir die 0 hinzu und betrachten die nichtnegativen ganzen Zahlen $\mathbb{N}_0 = \{0, 1, 2, \dots\}$. Diese bilden einen additiven Monoid. Dieser Monoid ist keine Gruppe, weil seine Elemente, mit Ausnahme der 0, keine Inversen haben. Dies wird dadurch behoben, dass wir sie zur additiven Gruppe der ganzen Zahlen $\mathbb{Z}$ erweitern. Mit der zusätzlichen Operation der Multiplikation ganzer Zahlen wird $\mathbb{Z}$ dann ein Ring. Dieser Ring ist noch kein Körper, weil mit Ausnahme von 1 und -1 seine nichtverschwindenden Elemente keine multiplikativen Inversen besitzen. Die deswegen erforderliche Erweiterung führt uns zum Körper $\mathbb{Q}$ der rationalen Zahlen. ($\mathbb{Q}$ erlaubt noch weitere Erweiterungen zu den Körpern der reellen, der komplexen oder der p-adischen Zahlen, aber damit wollen wir uns an dieser Stelle noch nicht befassen.) Dies sieht alles ziemlich einfach aus, aber jeder dieser Schritte stellte nicht nur in der Geschichte der Mathematik einen wesentlichen Fortschritt dar, sondern motivierte auch die Herausarbeitung des jeweiligen abstrakten Begriffes.

Definition 2.3.6 Ein (Links-) *Ideal I* in einem Monoid M ist eine Teilmenge von M mit

$$mi \in I \text{ für alle } i \in I, m \in M. \tag{2.30}$$

Ein *Ideal* in einem kommutativen Ring R mit Eins ist eine nichtleere Teilmenge, die eine Untergruppe R als abelsche Gruppe bildet und bzgl. der Multiplikation (2.30) erfüllt.

Ein Ideal in einem kommutativen Ring ist also auch ein Modul über diesem Ring im Sinne von Definition 2.3.3.

Mit diesem Begriff des Ideals lassen sich die Gruppen G als diejenigen Monoide charakterisieren, für die $\emptyset$ und G selbst die einzigen Ideale sind. Entsprechend ist ein kommutativer Ring R genau dann ein Körper, wenn seine einzigen Ideale $\{0\}$ und R selbst sind. Denn wenn das Ideal I eines Körpers K ein $i \neq 0$ enthält, so ist für jedes $h \in K$ nicht nur $hi \in I$, sondern dann auch $h = hi^{-1}i = (i^{-1}h)i \in I$, mithin $I = K$.

Die Ideale in dem Monoid $\mathbb{N}_0$ der nichtnegativen ganzen Zahlen sind $\emptyset$ sowie alle Mengen der Form $\{n \geq N\}$ für ein festes $N \in \mathbb{N}_0$. Die Menge der Linksideale des Monoids M_2 ist $\Lambda_{M_2} := \{\emptyset, \{0\}, \{0, 1\}\}$. In M_q, sind die Ideale $\emptyset$, $\{0\}$, M_q und die Teilmengen der Form $\{0, m, 2m, \dots, (n-1)m\}$ für $nm = q$ mit $n, m > 1$, also die nichttrivialen Teiler von q. Wenn also q eine Primzahl ist, hat M_q nur drei triviale Ideale, aber wenn q nicht prim ist, gibt es weitere. Dies sind dann auch die Ideale des Ringes $(\mathbb{Z}_q, +, \cdot)$.

Die Ideale des Ringes der ganzen Zahlen $\mathbb{Z}$ sind $\{nm : n \in \mathbb{Z}\}$ für festes $m \in \mathbb{Z}$. (Man beachte, dass wir für den Monoid $\mathbb{N}_0$ Ideale bzgl. der Addition gesucht haben, während wir für den Ring $\mathbb{Z}$ Ideale bzgl. der Multiplikation betrachten.)

Jeder Ring R enthält als Ideale das Nullideal, das nur aus der 0 besteht, und das Einheitsideal, das alle Elemente aus R umfasst. Wir betrachten i.F., wie schon in Def. 2.3.6 gefordert, nur kommutative Ringe mit Eins. Für jedes $a \in R$ haben wir dann das Ideal (a), das aus allen Vielfachen ga, $g \in R$ besteht. Ein solches Ideal, das von einem Ringelement erzeugt wird, heißt *Hauptideal*. Das Nullideal und das Einheitsideal sind Hauptideale, da sie von der Form (0) bzw. (1) sind.

Definition 2.3.7 Ein Integritätsbereich mit Eins heißt *Hauptidealring,* wenn jedes Ideal ein Hauptideal ist.

Beispielsweise ist $\mathbb{Z}$ ein Hauptidealring. Es sei hierzu I ein Ideal in $\mathbb{Z}$. Entweder ist $I = (0)$, oder es enthält ein Element $c \neq 0$, und dann auch $-c = (-1)c$, und eines von beiden ist positiv. Es sei a die kleinste positive Zahl in I. Dann ist $I = (a)$, denn wir können jedes $b \in I$ dann schreiben als

$$b = qa + r \text{ mit } 0 \leq r < a, \tag{2.31}$$

und da mit b und a auch $b - qa \in I$ ist und a das kleinste positive Element in I ist, muss $r = 0$ sein. Es folgt also $b = qa$ und damit tatsächlich $I = (a)$.

2.4 Bewertungen und *p*-adische Zahlen

Wir kommen nun zu einer Familie von Körpern und Ringen, die in der Zahlentheorie eine wichtige Rolle spielen.

Definition 2.4.1 Es sei k ein Körper. Eine *Bewertung* ist eine Funktion $\varphi : k \to \mathbb{R}$, die für alle $a, b \in k$ die folgenden Bedingungen erfüllt:

1.

$$\varphi(a) > 0 \text{ für } a \neq 0; \quad \varphi(0) = 0 \tag{2.32}$$

2.

$$\varphi(a + b) \leq \varphi(a) + \varphi(b) \tag{2.33}$$

3.
$$\varphi(ab) = \varphi(a)\varphi(b). \tag{2.34}$$

Auf den rationalen Zahlen gibt es nach dem Satz von Ostrowski, den wir hier nicht beweisen, außer der trivialen Bewertung $\varphi(a) = 1$ für alle $a \neq 0$ nur die folgenden Bewertungen:

1.
$$\varphi(x) = |x|^{\alpha} \text{ mit } 0 < \alpha \leq 1 \tag{2.35}$$

und die *p-adischen Bewertungen*
2.
$$\varphi(x) = \rho^{v_p(x)} \text{ mit } 0 < \rho < 1 \text{ für } x \neq 0, \varphi(0) = 0, \tag{2.36}$$

für eine Primzahl p, wenn x sich darstellen lässt als

$$x = \frac{k}{m} p^n \tag{2.37}$$

mit zu p teilerfremden k, m und $v_p(x) := n \in \mathbb{Z}$.

Die Bewertungen in (2.35) heißen *archimedisch*, diejenigen in (2.36) *nichtarchimedisch*.

Die nichtarchimedischen Bewertungen (2.36) erfüllen sogar eine schärfere Ungleichung als (2.33), nämlich

$$\varphi(a + b) \leq \max(\varphi(a), \varphi(b)), \tag{2.38}$$

denn wenn a und b beide durch eine bestimmte Potenz von p teilbar sind, so ist $a + b$ auch mindestens durch diese Potenz von p teilbar, vielleicht sogar durch eine höhere.

Definition 2.4.2 Es sei k ein durch φ bewerteter Körper. Eine Folge $(a_n)_{n \in \mathbb{N}} \subset k$ heißt Cauchyfolge, wenn es für jedes $\varepsilon > 0$ ein solches $N \in \mathbb{N}$ gibt, dass $\varphi(a_n - a_m) < \varepsilon$, sobald $m, n > N$. Zwei Cauchyfolgen (a_n), (b_n) heißen äquivalent, wenn $\varphi(a_n - b_n) \to 0$ für $n \to \infty$ (oder ausgeschrieben, wenn es für jedes $\varepsilon > 0$ ein solches $N \in \mathbb{N}$ gibt, dass $\varphi(a_n - b_n) < \varepsilon$, sobald $n > N$).

Es gilt dann

Lemma 2.4.1 *Die Äquivalenzklassen von Cauchyfolgen bzgl. einer Bewertung φ des Körpers k bilden einen Körper $\bar{k}$, der vollständig in dem Sinne ist, dass jede Cauchyfolge (a_n) einen Grenzwert $a \in \bar{k}$ besitzt (also $\varphi(a_n - a) \to 0$ für $n \to \infty$), und der k als dichten Teilkörper enthält (d. h. für jedes $a \in \bar{k}$ gibt es eine Cauchyfolge $(a_n) \subset k$, deren Grenzwert a ist).*

Für $\mathbb{Q}$ mit einer archimedischen Bewertung erhalten wir auf diese Weise den Körper der reellen Zahlen, und der *Beweis* von Lemma 2.4.1 vollzieht sich genauso wie in diesem Fall, den wir hier als bekannt voraussetzen.

Es spielt übrigens keine Rolle, welchen Wert $0 < \alpha \leq 1$ wir in (2.35) oder welches $0 < \rho < 1$ wir in (2.36) wählen. Der resultierende Körper $\bar{k}$ ist jeweils der gleiche.

Für die archimedische Bewertung (2.35) bildet beispielsweise (q^{-n}) für jedes $q \in \mathbb{N}, q > 1$ eine Nullfolge, also eine Folge, die gegen 0 konvergiert. Hieraus folgt z. B., dass sich jede reelle Zahl b als möglicherweise unendliche Dezimalfolge darstellen lässt, $b = \sum_{\nu=-\infty}^{N} b_\nu 10^\nu$ mit einem $N \in \mathbb{N}$ und $b_\nu \in \{0, 1, \ldots, 9\}$ für alle ν. Statt 10 lässt sich natürlich eine beliebige andere Basis wählen.

Für die *p*-adische Bewertung ist (p^n) eine Nullfolge. (q^n) für ein zu p teilerfremdes q ist dagegen keine Nullfolge für diese Bewertung.

Definition 2.4.3 Der Körper $\mathbb{Q}_p$ der *p-adischen Zahlen* ist die Vervollständigung von $\mathbb{Q}$ bzgl. einer nichtarchimedischen Bewertung (2.36) für eine Primzahl p.

Weil aus $\varphi(a), \varphi(b) \leq 1$ nach (2.34) und (2.38) auch $\varphi(a)\varphi(b) \leq 1$ und $\varphi(a) + \varphi(b) \leq 1$ folgt, bilden diese Elemente von $\mathbb{Q}_p$ einen kommutativen Ring mit 1.

Definition 2.4.4 Dieser Ring heißt *Ring der p-adischen ganzen Zahlen;* wir bezeichnen ihn mit O_p.

O_p ist der Abschluss von $\mathbb{Z}$ unter der *p*-adischen Bewertung. Jedes Element a aus O_p lässt sich als eine (bzgl. der *p*-adischen Bewertung) konvergente Reihe

$$a = \sum_{\nu=0}^{\infty} a_\nu p^\nu \quad \text{mit } a_\nu \in \{0, 1, \ldots, p-1\} \tag{2.39}$$

entwickeln. Die Elemente, für die in (2.39) $a_0 = 0$ ist, also die Vielfachen von p, bilden ein Ideal in O_p.

2.5   Die verschiedenen algebraischen Strukturen

Monoid $=$ $\Longleftarrow$ **Gruppe** $=$ Monoid
Möglichkeit der mit Inversen
Verknüpfung $(\mathbb{Z}, +)$ oder $(\mathbb{Q}_+, \cdot)$
von Elementen
(Addition oder
Multiplikation)
$(\mathbb{N}_0, +)$ oder $(\mathbb{Z}, \cdot)$

Ring $=$ Kombination ei- $\Longleftarrow$ **Körper** $=$ Ring,
ner additiven Gruppen- dessen Addition
struktur und einer Mul- kommutativ ist und
tiplikation (Monoid, falls dessen Multiplika-
Ring eine 1 besitzt), durch tion Inverse besitzt
ein Distributivgesetz mit- $(\mathbb{Q}, +, \cdot)$
einander verbunden
$(\mathbb{Z}, +, \cdot)$

Modul $=$ kommutati- $\Longleftarrow$ **Vektorraum** $=$
ve Gruppe mit Multi- unitärer Modul
plikation durch einen über einem
Ring Körper
$(\mathbb{Z}\times\mathbb{Z}, +)$ über $(\mathbb{Z}, +, \cdot)$ $(\mathbb{Q} \times \mathbb{Q}, +)$
Spezialfall: **Ideal** $=$
Modul, der Teilmenge
dieses Ringes ist
$(2\mathbb{Z}, +)$

Algebra $=$ Modul mit Multiplikation über einem
kommutativen Ring
Funktionen $f : U \to \mathbb{Z}$, für eine Menge U

Die verschiedenen algebraischen Strukturen und die zwischen ihnen bestehenden Beziehungen, mit Beispielen.

Der Pfeil bedeutet eine Implikation; z. B. ist jede Gruppe ein Monoid; Strukturen reichern jeweils die über ihnen stehenden an.

2.6   Die symmetrische Gruppe

Wir haben bisher die Prototypen abelscher Gruppen betrachtet, $\mathbb{Z}_q$ und $\mathbb{Z}$. Die in vieler Hinsicht wichtigste Gruppe ist allerdings die symmetrische Gruppe $\mathfrak{S}_n$ der Vertauschungen oder Permutationen von n Elementen, mit der Komposition (Hintereinanderausführung) von Permutationen als Gruppenoperation. Wir ordnen diese Elemente als $(1, \ldots n)$. Wir schreiben eine Permutation dann als $(i_1 i_2 \ldots i_n)$; dies bedeutet, dass das Element $i_k \in \{1, 2 \ldots, n\}$ an die k-te Stelle verschoben wird, für $k = 1, 2, \ldots, n$. Die i_j müssen natürlich alle voneinander verschieden sein, um die Menge $\{1, 2, \ldots, n\}$ auszuschöpfen. Die ursprüngliche Anordnung $(12 \ldots n)$ entspricht dann der trivialen oder Identitätspermutation, die alle Elemente an ihrer Stelle lässt, also überhaupt nichts vertauscht. Wenn nur einige Elemente vertauscht werden, brauchen wir auch nur diese anzugeben. So bedeutet (ℓk) für $k < \ell$, dass die Elemente k und ℓ vertauscht werden, aber alle anderen an ihrer Stelle bleiben. Das Element ℓ rückt also an die k-te Stelle, und k dafür an die ℓ-te Stelle. Entsprechend bedeutet $(mk\ell)$ für $k < \ell < m$, dass m an die Stelle von k, k an die Stelle von ℓ und ℓ an die Stelle von m geschoben wird. Die drei Elemente werden also zyklisch vertauscht.

Wir hatten oben gesagt, dass Gruppen häufig als Automorphismengruppen auftreten. Die Permutationsgruppe kann auch als Automorphismengruppe aufgefasst werden, als diejenige einer Menge mit n Elementen. Da eine solche Menge keine weitere Struktur trägt, ist jede invertierbare Selbstabbildung dieser Menge, also jede Permutation ihrer Elemente, ein Automorphismus.

Eine Gruppe G definiert auch Graphen.

Kurzer Einschub: Ein (ungerichteter) *Graph* besteht aus einer Menge V von *Knoten* und einer Menge von Paaren $E \subset V \times V$, den *Kanten*. Dass der Graph *ungerichtet* ist, bedeutet, dass wir eine Kante (v, w) nicht von der umgekehrten Kante (w, v) unterscheiden, also die Bedingung stellen, dass $(v, w) \in E \Leftrightarrow (w, v) \in E$. Wenn $(v, w) \in E$, so sagen wir, dass v und w *Nachbarn* sind.

Für eine Gruppe G wählen wir dazu ein Erzeugendensystem S, das unter Inversion abgeschlossen ist, wo also, wenn $g \in S$, auch $g^{-1} \in S$ (wir können ein beliebiges Erzeugendensystem S' zu einem solchen S erweitern, indem wir einfach alle Inversen der Elemente aus S' hinzufügen). Wir erhalten dann den *Cayleygraphen* des Paares (G, S), dessen Knoten die Elemente von G sind und in dem $h, k \in G$ durch eine Kante verbunden werden, wenn es ein $g \in S$ mit $gh = k$ gibt. Weil dann wegen unserer Bedingung an S auch $g^{-1} \in S$ und $g^{-1}k = h$ gilt, ist diese Beziehung zwischen h und k symmetrisch, und der Graph ist daher ungerichtet. Für die symmetrische Gruppe $\mathfrak{S}_3$ können wir zum Beispiel als Erzeuger (21), (32), (31)

nehmen; jede dieser Permutationen ist ihre eigene Inverse. Als Cayleygraph ergibt sich dann

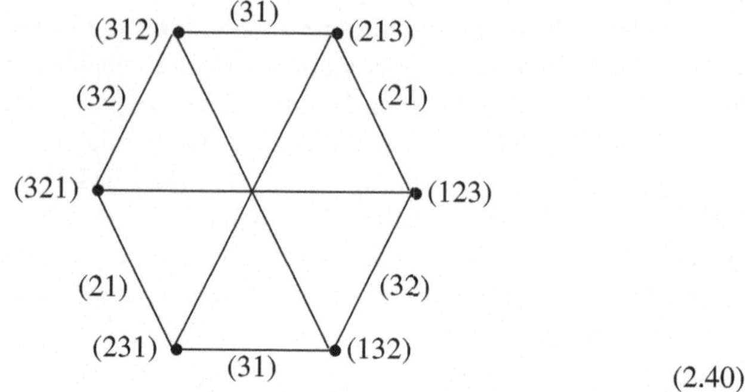

$$\tag{2.40}$$

Um die Abbildung nicht zu überladen, sind allerdings nur einige der Kanten bezeichnet, und wir haben für diese dann die obige abkürzende Notation verwendet. (Das Prinzip ist aber einfach, dass parallele Kanten der gleichen Elementvertauschung entsprechen; z. B. gehören alle horizontalen Kanten zu (31).)

Dieser Graph ist *bipartit*. Dies bedeutet, dass es zwei Klassen von Knoten gibt, und zwar {(123), (231), (312)} und {(132), (321), (213)}, derart, dass es nur Kanten zwischen Knoten aus verschiedenen Klassen gibt, aber keine Kanten innerhalb einer Klasse. Um uns klarzumachen, dass dieser Cayleygraph tatsächlich bipartit ist, verschieben wir die Positionen der Knoten in der folgenden Abbildung

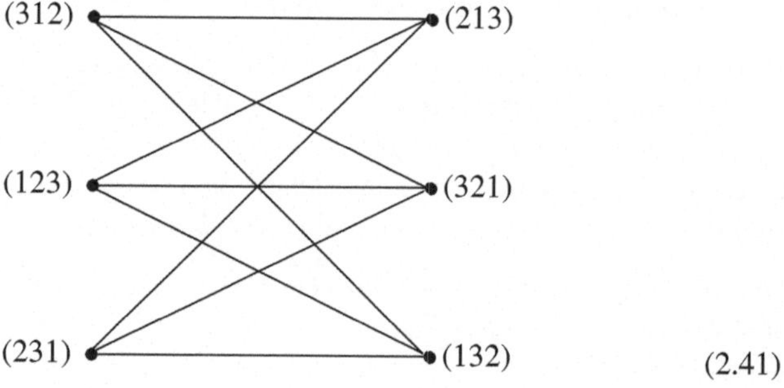

$$\tag{2.41}$$

Es liegt hier sogar ein *vollständiger* bipartiter Graph vor, denn jeder Knoten in der einen Klasse ist mit jedem Knoten der anderen Klasse durch eine Kante verbunden.

(2.41) stellt den gleichen Graphen wie (2.40) dar. Eine Verschiebung der Knoten kann zu Visualisierungen führen, die ganz anders aussehen, obwohl sie die gleiche Struktur darstellen.

Wir wollen die beiden Klassen, in die wir $\mathfrak{S}_3$ zerlegt haben, genauer betrachten. Die zweite Klasse besteht aus Permutationen zweier Elemente, in unserer Notation $\{(32), (31), (21)\}$. Solche Permutationen zweier Elemente heißen Transpositionen. Die Elemente der anderen Klassen sind Produkte einer geraden Anzahl von Transpositionen.

Dies gilt allgemein. Die symmetrische Gruppe $\mathfrak{S}_n$ besteht aus zwei Klassen von Elementen. Die eine besteht aus den Elementen, die das Produkt einer ungeraden Anzahl, die andere aus denjenigen Elementen, die das Produkt einer geraden Anzahl von Transpositionen sind. Etwas abstrakter können wir die *Parität* oder das Vorzeichen sgn(g) eines Elementes g von $\mathfrak{S}_n$ als 1 (gerade) setzen, wenn es das Produkt einer geraden Anzahl von Transpositionen ist, und als -1 (ungerade) bei einer ungeraden Anzahl von Transpositionen. Wir müssen natürlich sicherstellen, dass diese Parität wohldefiniert ist, dass also eine Permutation nicht gleichzeitig als Produkt einer geraden und einer ungeraden Anzahl von Transpositionen dargestellt werden kann. Dies beruht auf der Tatsache, dass das Produkt zweier Transpositionen, welches also gerade ist, nicht selbst eine solche Transposition sein kann. Das ist aber leicht einzusehen. Es gilt auch sgn(gh) = sgn(g)sgn(h). Abstrakter lässt sich dies auch dadurch ausdrücken, dass sgn ein Gruppenhomomorphismus von $\mathfrak{S}_n$ zu der Gruppe $\{1, -1\}$ mit der Multiplikation als Gruppengesetz ist. Und die Zuordnung $1 \to 0, -1 \to 1$ ist ein Homomorphismus dieser Gruppe in die Gruppe $\mathbb{Z}_2$ mit der Addition als Gruppengesetz.

Eine der beiden Klassen, diejenige der geraden Permutationen, bildet eine Untergruppe von $\mathfrak{S}_n$, die alternierende Gruppe $\mathfrak{A}_n$.

Wir machen noch eine weitere Beobachtung. Die Permutation (31) kann auch als Produkt (31) = (21)(32)(21) dreier Transpositionen von *benachbarten* Elementen dargestellt werden. Dies ist wieder ein allgemeines Phänomen. Jedes Element von $\mathfrak{S}_n$ lässt sich als Produkt von Transpositionen benachbarter Elemente darstellen. Diese Produktdarstellung ist allerdings nicht eindeutig; z. B. ist auch (31) = (32)(21)(32). Die Parität (ungerade oder gerade) ist aber invariant. Insbesondere könnten wir auch die Menge der Transpositionen benachbarter Elemente als Erzeugendensystem von $\mathfrak{S}_n$ nehmen. Dann bekämen wir statt des Cayleygraphen (2.40) den folgenden

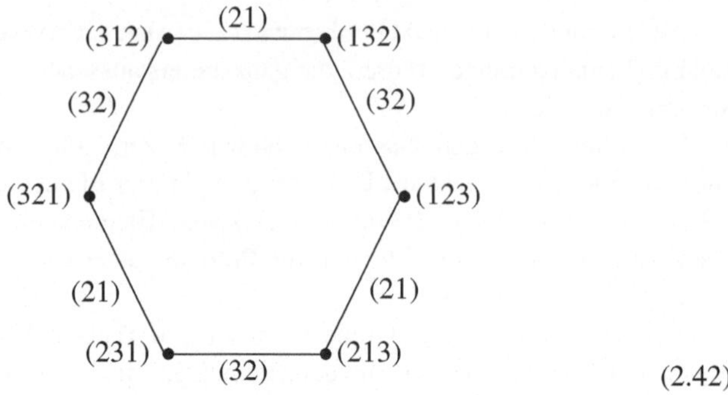

$$(2.42)$$

In diesem Graphen erkennen wir beispielsweise direkt die Relation $(21)(32)(21) = (32)(21)(32)$.

Natürlich könnten wir als Erzeugendensystem auch $S = G\backslash\{e\}$ nehmen, also alle nichttrivialen Elemente aus G. Der Cayleygraph, der sich dann ergäbe, wäre ein *vollständiger* Graph, wo also jedes Element mit jedem anderen durch eine Kante verbunden wäre. Dies können wir auch für jede endliche Gruppe G machen, also einfach alle nichttrivialen Elemente in unser Erzeugendensystem aufnehmen und dadurch eine vollständigen Graphen als Cayleygraphen erhalten. Dies ist allerdings nicht besonders hilfreich, denn aus einem solchen Cayleygraphen könnten wir dann keine strukturellen Unterschiede zwischen verschiedenen Gruppen mehr ablesen. Durch geschickt gewählte, und typischerweise möglichst kleine Erzeugendensysteme gewinnen wir dagegen Cayleygraphen, die strukturelle Eigenschaften der zugrundeliegenden Gruppe visualisieren.

Wir können auch umgekehrt vorgehen und mit einem Graphen beginnen. Dessen Automorphismen bilden eine Gruppe. Ein Automorphismus eines Graphen mit Knotenmenge V und Kantenmenge E ist hierbei eine Abbildung $k : V \to V$ mit der Eigenschaft

$$(k(v), k(w)) \in E \quad \Leftrightarrow \quad (v, w) \in E, \qquad (2.43)$$

dass also Kanten in Kanten überführt werden.

Die Automorphismengruppe eines vollständigen Graphen ist dann gerade die symmetrische Gruppe.

Wir hatten gerade einer algebraischen Struktur, einer Gruppe, eine geometrische Struktur, ihren Cayleygraphen (zu einem Erzeugersystem) zugeordnet. Nun sehen wir, dass wir auch umgekehrt dieser geometrischen Struktur eine algebraische Struktur, ihre Automorphismengruppe, zuordnen können.

Die Korrespondenz zwischen algebraischen und geometrischen Strukturen ist ein wesentliches und fruchtbares Prinzip der modernen Mathematik.

Wir schieben an dieser Stelle noch eine weitere strukturelle Bemerkung ein: Zwei Strukturen des gleichen Typs lassen sich zu einer neuen Struktur kombinieren. So können wir beispielsweise das Produkt GH zweier Gruppen G und H bilden. Die Elemente von GH sind die Paare (g, h), $g \in G$, $h \in H$, und die Gruppenoperation setzt sich auch aus denjenigen in G und H zusammen,

$$(g_1, h_1)(g_2, h_2) := (g_1 g_2, h_1 h_2). \tag{2.44}$$

2.7 Normalteiler

Wir wenden uns nun einem wichtigen Konzept der Gruppentheorie zu, dem der normalen Untergruppe oder des Normalteilers. Zur Vorbereitung betrachten wir eine Gruppe G mit irgendeiner Untergruppe N. Die Äquivalenzrelation

$$g \sim h, \text{ falls es ein } n \in N \text{ mit } h = ng \text{ gibt}, \tag{2.45}$$

liefert die Menge G/N der Äquivalenzklassen. (2.45) definiert tatsächlich eine Äquivalenzrelation, weil N eine Untergruppe, und nicht nur eine Teilmenge von G ist. Um zum Beispiel einzusehen, dass die Relation (2.45) transitiv ist, betrachten wir $g \sim h$ und $h \sim k$. Es gibt also $n, m \in N$ mit $h = ng, k = mh$. Aber dann ist auch $k = mng$ und weil $mn \in N$, da N eine Gruppe ist, erhalten wir $g \sim k$.

Trotzdem ist dies unbefriedigend, weil es uns aus der Kategorie der Gruppen hinausführt, denn G/N ist nur eine Menge, aber nicht unbedingt eine Gruppe, obwohl wir von zwei Gruppen G und N ausgegangen sind. Natürlich fragen wir nun, ob G/N nicht doch mit einer Gruppenstruktur versehen werden kann. Es stellt sich heraus, dass wir dafür eine zusätzliche Forderung an N stellen müssen

Definition 2.7.1 Eine Untergruppe N einer Gruppe G heißt *normale* Untergruppe oder *Normalteiler,* falls für jedes $g \in G$

$$g^{-1} N g = N. \tag{2.46}$$

Lemma 2.7.1 *Wenn N ein Normalteiler von G ist, erhält der Quotient G/N eine Gruppenstruktur.*

Beweis Wir wollen nachweisen, dass die Gruppenmultiplikation von G auf den Quotienten G/N übertragen werden kann, dass sie also eine Gruppenoperation auf den Äquivalenzklassen induziert. Dafür müssen wir zeigen, dass, wenn $[g]$ die

Äquivalenzklasse von $g \in G$ bezeichnet,

$$[g][h] := [gh] \tag{2.47}$$

nicht von der Wahl der Elemente der jeweiligen Äquivalenzklassen abhängt und somit wohldefiniert ist. Wenn also $g' \sim g, h' \sim h$, so wollen wir auch

$$g'h' \sim gh \tag{2.48}$$

haben, also

$$[g'h'] = [gh]. \tag{2.49}$$

Wenn nun $g' \sim g, h' \sim h$, so gibt es $m, n \in N$ mit $g' = mg, h' = nh$. Dann ist

$$g'h' = mgnh = mgng^{-1}gh. \tag{2.50}$$

Weil nun $gNg^{-1} = N$, da N eine *normale* Untergruppe ist, so ist das Element gng^{-1} wieder in N. Wenn wir es n' nennen, erhalten wir aus (2.50)

$$g'h' = mn'gh, \tag{2.51}$$

und weil auch $mn' \in N$, da N eine Gruppe ist, so folgern wir (2.49). $\square$

Wir können die Aussage des Lemmas auch so ausdrücken: Es gibt einen Gruppenhomomorphismus

$$\iota : G \to G/N, \quad g \to [g]. \tag{2.52}$$

Es ist nun an der Zeit, *Beispiele* von Normalteilern zu betrachten.

- Jede Untergruppe einer abelschen Gruppe ist normal, denn es gilt dann $g^{-1}ng = n$ für alle Elemente g und n.
- Wenn $q = mn$ nicht prim ist, wenn also m, n, q alle > 1 sind, dann sind $\mathbb{Z}_m$ und $\mathbb{Z}_n$ Untergruppen von $\mathbb{Z}_q$ ($\mathbb{Z}_m$ wird zu der Untergruppe mit den Elementen $0, m, 2m, \ldots, (n-1)m$ aus $\mathbb{Z}_q$, und entsprechend $\mathbb{Z}_n$), und weil $\mathbb{Z}_q$ abelsch ist, sind sie normale Untergruppen.
- Die alternierende Gruppe $\mathfrak{A}_n$ ist Normalteiler symmetrischen Gruppe $\mathfrak{S}_n$, weil die Parität von $g^{-1}ng$ die gleiche wie diejenige von n ist. Weil wir bemerkt hatten, dass sgn einen Gruppenhomomorphismus $\mathfrak{S}_n \to \mathbb{Z}_2$ induziert, folgt dies auch für das nächste Beispiel.

- Wenn $\rho : H \to G$ ein Gruppenhomomorphismus ist, dann ist der Kern $\ker(\rho) :=$ $\{k \in H : \rho(k) = e \in G\}$ eine normale Untergruppe. Denn wenn $k \in \ker \rho$, so gilt für jedes $h \in H$ $\rho(h^{-1}kh) = \rho(h)^{-1}\rho(k)\rho(h) = \rho(h)^{-1}e\rho(h) = e$, und daher auch $h^{-1}kh \in \ker \rho$.

Das letzte Beispiel ist eigentlich schon kein Beispiel mehr, sondern eine allgemeine Aussage.

Satz 2.7.1 *Die normalen Untergruppen N einer Gruppe G sind genau die Kerne von Homomorphismen. Dabei ist die normale Untergruppe N Kern des Homomorphismus $\iota : G \to G/N$ aus (2.52).*

Definition 2.7.2 Die Gruppe G heißt *auflösbar,* wenn es eine Familie

$$G =: G_0 \supset G_1 \supset G_2 \supset \cdots \supset G_n = \{e\} \tag{2.53}$$

von Gruppen gibt, in der jede Normalteiler der vorherigen ist und deren Quotientengruppen G_{i-1}/G_i $(i = 1, \ldots, n)$ sämtlich abelsch sind.

Durch eine Verfeinerung, also das Dazwischenschieben weiterer Normalteiler, lässt sich dann sogar erreichen, dass alle Quotienten zyklische Gruppen von Primzahlordnung, also von der Form $\mathbb{Z}_p$ sind. Man kann also in der Definition auch direkt verlangen, dass jeder Quotient eine solche zyklische Gruppe ist.

Eine auflösbare Gruppe lässt sich also iterativ aus kleineren Gruppen aufbauen. Beispielsweise sind die symmetrischen Gruppen $\mathfrak{S}_3$ und $\mathfrak{S}_4$ auflösbar, aber $\mathfrak{S}_5$ für $n \geq 5$ nicht mehr.

Definition 2.7.3 Die Gruppe G heißt *einfach,* wenn sie nichttrivial ist und als einzige Normalteiler die triviale Gruppe und G selbst besitzt.

Dies ist ein sehr wichtiges Konzept, denn einfache Gruppen sind die nicht weiter reduzierbaren Bausteine der Gruppentheorie. Eine Gruppe G, die nicht einfach ist, enthält eine nichttriviale normale Untergruppe N und Gruppen zerlegt werden, nämlich in die normale Untergruppe N und die Quotientengruppe G/N. Wenn eine davon immer noch nicht einfach ist, können wir diese wieder zerlegen. Und wenn G endlich ist, so muss dieser Prozess nach endlich vielen Schritten an ein Ende kommen, und damit sind dann die Bausteine für G gewonnen (nach dem Satz von Jordan und Hölder, den wir hier allerdings nicht beweisen wollen, sind diese

Bausteine auch eindeutig). Insbesondere kann die Struktur einer auflösbaren Gruppe auf diese Weise zerlegt werden.

Wenn man also alle einfachen endlichen Gruppen kennt, kann man aus diesen alle endlichen Gruppen zusammensetzen, und damit wäre dann das Gebiet der endlichen Gruppen vollständig erschöpft und verstanden. Die vollständige Klassifikation der einfachen endlichen Gruppen war allerdings sehr schwierig und konnte erst 2004 abgeschlossen werden.

Die wichtigsten Beispiele endlicher einfacher Gruppen sind die zyklischen Gruppen $\mathbb{Z}_p$ für eine Primzahl p (wie wir eben bei der Betrachtung der Beispiele normaler Untergruppen gesehen haben, ist $\mathbb{Z}_n$ nicht einfach, wenn n keine Primzahl ist) und die alternierenden Gruppen $\mathfrak{A}_n$ für $n \geq 5$ (es ist allerdings nicht völlig trivial, dass diese Gruppen tatsächlich einfach sind; $\mathfrak{A}_3$ und $\mathfrak{A}_4$ sind übrigens nicht einfach, sondern auflösbar). Es gibt mehrere unendliche Familien von endlichen einfachen Gruppen, und 26 Ausnahmegruppen, die zu keiner dieser Familien gehören. Unter diesen ist die als Monstergruppe Bezeichnete die komplizierteste. Ein neueres Lehrbuch zu diesem Thema ist [6].

Der gerade besprochene Ansatz der Klassifikation der endlichen Gruppen verkörpert ein zentrales mathematisches Forschungsprinzip. Wenn man eine Klasse von mathematischen Strukturen verstehen will, dann sollte man zuerst die elementaren Bausteine identifizieren, die nicht mehr durch weitere Operationen (wie hier das Auffinden von Normalteilern) reduziert werden können. Diese muss man dann klassifizieren. Alle Strukturen der betreffenden Klasse können dann aus diesen Bausteinen zusammengesetzt werden.

2.8 Polynomringe

Aus einem Ring R lassen sich weitere Ringe konstruieren, insbesondere die Polynomringe. Ein *Polynom* in einer unbestimmten x ist ein Ausdruck der Form

$$a_n x^n + a_{n-1} x^{n-1} + \cdots + a_1 x + a_0 \tag{2.54}$$

mit Koeffizienten $a_0, \ldots, a_n \in R$ ($n \in \mathbb{N}_0$). Wir nehmen hierbei ohne Einschränkung $a_n \neq 0$ an und nennen dann n den *Grad* des Polynoms $f(x) = a_n x^n + \cdots + a_0$, bezeichnet mit $\deg f$. Zwei Polynome heißen gleich, wenn alle entsprechenden nichtverschwindenden Koeffizienten übereinstimmen. Die Polynome über R bilden selbst wieder einen Ring, den *Polynomring* $R[x]$, da wir sie zueinander addieren und miteinander multiplizieren können. Es seien $f(x) = a_n x^n + \cdots + a_0$ und $g(x) = b_m x^m + \cdots + b_0$ zwei Polynome. Dann ist $f + g$ das Polynom mit den

Koeffizienten $c_i = a_i + b_i$ für $0 \le i \le \max(\deg f, \deg g)$. Das Produkt fg hat die Koeffizienten

$$c_i = \sum_{\mu+\nu=i} a_\nu b_\mu. \tag{2.55}$$

Das Distributivgesetz lässt sich dann nachrechnen. $R[x]$ ist also tatsächlich ein Ring. Ist R kommutativ, so auch $R[x]$. Polynome vom Grade 0 sind einfach Elemente des Ringes R, und für diese sind die Additions- und Multiplikationsregeln in $R[x]$ die gleichen wie in R selbst. R ist also ein Unterring von $R[x]$, und umgekehrt entsteht $R[x]$ aus R durch Adjunktion der Unbestimmten x. Es lassen sich auch mehrere Unbestimmte adjungieren, wodurch man die Ringe $R[x_1, \ldots, x_N]$ erhält.

In einem Polynom $f \in R[x]$ lässt sich die Unbestimmte x durch ein Element ξ aus R oder einem Erweiterungsring von R ersetzen, sofern dieses mit allen Elementen von R vertauscht. Die Vertauschungsbedingung ist deswegen erforderlich, weil die Potenzen x^j und x^k der Unbestimmten x miteinander vertauschen, was für die Formel (2.55) wichtig ist. Dann erhält man das Element $f(\xi) \in R$, und die Rechenregeln für Polynome $f, g \in R[x]$ gehen dann in die Rechenregeln für die Elemente $f(\xi), g(\xi) \in R$ über.

Wir kommen nun zu einem Konzept, welches wir schon im Anschluss an Def. 2.3.7 hätten einführen können, das aber insbesondere im Kontext von Polynomringen wichtig ist. Wir bemerken zunächst, dass wir ganz analog zu dem Beweis, dass $\mathbb{Z}$ ein Hauptidealring ist (s. (2.31)), auch beweisen können, dass für einen Körper K der Polynomring $K[x]$ ein Hauptidealring ist. Statt eines kleinsten positiven Elementes in dem dortigen Beweis nimmt man ein Polynom kleinsten Grades in einem gegebenen Ideal I. Dies legt es nahe, dieses Verfahren abstrakt zu formulieren.

Definition 2.8.1 Ein kommutativer und nullteilerfreier Ring, also ein Integritätsbereich R heißt *euklidisch,* wenn wir jedem $a \in R, a \ne 0$, derart ein $g(a) \in \mathbb{N}_0$ zuordnen können, dass

1. Für $a, b \ne 0$ ist

$$g(ab) \ge g(a). \tag{2.56}$$

2. Wenn $a \ne 0$, so lässt sich jedes $b \in R$ darstellen als

$$b = qa + r \tag{2.57}$$

mit $r = 0$ oder $g(r) < g(a)$.

Man spricht bei (2.57) auch von einem *Divisionsalgorithmus*. In $\mathbb{Z}$ können wir $g(a) = |a|$ nehmen, in dem Polynomring $K[x]$ über einem Körper $g(f) = \deg f$ für ein Polynom. Und dann zeigt man analog zu dem Verfahren in (2.31)

Lemma 2.8.1 *Euklidische Ringe sind Hauptidealringe.*

Durch Anwendung auf das Einheitsideal folgt

Korollar 2.81 *Jeder euklidische Ring besitzt eine Eins.*

In einem euklidischen Ring R lässt sich durch sukzessive Division der größte gemeinsame Teiler zweier von 0 verschiedener Elemente bestimmen. Dies ist der *euklidische Algorithmus*. Es seien $a_0, a_1 \neq 0$ in R, und es sei $g(a_1) \leq g(a_0)$. Dann setzen wir nach dem Divisionsalgorithmus iterativ für $i = 1, \ldots$

$$a_{i-1} = q_i a_i + a_{i+1} \text{ mit } g(a_{i+1}) < g(a_i), \tag{2.58}$$

bis wir an ein m mit $a_{m+1} = 0$ gelangen, was nach endlich vielen Schritten passieren muss, da immer $g(a) \geq 0$ ist. Es ist dann also

$$a_{m-1} = q_m a_m \text{ und iterativ } a_i = g_i a_m \text{ mit } g_i \in R \text{ für alle } i. \tag{2.59}$$

Somit ist jeder Teiler von a_m auch ein Teiler von a_0 und a_1, und a_m ist daher der größte gemeinsame Teiler der beiden. Umgekehrt erhalten wir aus der Iteration von (2.58) auch

$$a_i = r_i a_0 + s_i a_1 \text{ mit } r_i, s_i \in R \text{ für alle } i. \tag{2.60}$$

Insbesondere gilt auch für den größten gemeinsamen Teiler von a_0 und a_1

$$a_m = r a_0 + s a_1 \text{ mit } r, s \in R. \tag{2.61}$$

Wir hatten schon erwähnt, dass man auch den Polynomring $R[x_1, \ldots, x_N]$ in N Unbestimmten bilden kann. Es sei nun K ein Körper der Charakteristik 0, was bedeutet, dass er $\mathbb{Q}$ als Teilkörper enthält. Dann können wir nicht nur den Polynomring $K[x_1, \ldots, x_N]$, sondern auch die Weylalgebra $A_N(K)$ bilden, die aus Polynomen in den Variablen

$$x_1, \ldots, x_N, \partial_1, \ldots, \partial_N \tag{2.62}$$

besteht, wobei die x_i miteinander kommutieren, ebenso die ∂_j, und

$$[\partial_j, x_i] = \partial_j x_i - x_i \partial_j = \begin{cases} 1 & \text{für } j = i \\ 0 & \text{sonst} \end{cases} \tag{2.63}$$

ist.[4] Die Weylalgebra ist also insbesondere ein nichtkommutativer Ring, und natürlich auch eine Algebra über K.

Der Operator ∂_j kann dabei als der Operator $\frac{\partial}{\partial x_j}$ der partiellen Ableitung nach der Variablen x_j aufgefasst werden, aber da wir uns hier in der Algebra und nicht in der Analysis bewegen, behandeln wir ihn als ein formales Symbol. Jedenfalls gilt für jedes Polynom f in den Variablen $x_1, \ldots, x_N$ dann

$$\partial_j f = \frac{\partial f}{\partial x_j}. \tag{2.64}$$

Definition 2.8.2 Ein *D-Modul M* ist ein Linksmodul über der Weylalgebra $A_N(K)$ (d. h., die Weylalgebra operiert von links auf M, was wegen der Nichtvertauschbarkeitsrelation (2.63) wichtig ist)).

Neben der Weylalgebra selbst ist auch der Polynomring $K[x_1, \ldots, x_N]$ ein D-Modul, wobei die ∂_j wie in (2.64) operieren. Allgemeiner sind auch Räume unendlich oft differenzierbarer oder holomorpher Funktionen D-Moduln.

2.9   Das Auflösen von Gleichungen

In diesem Abschnitt wollen wir die Theorie von Galois skizzieren, die die Theorie der Körpererweiterungen mit der Theorie der Normalteiler von Gruppen verbindet und die insbesondere ein Kriterium dafür liefert, wann eine polynomiale Gleichung durch arithmetische Operationen und das Ziehen von Wurzeln lösbar ist. Dieser Abschnitt kann die Theorie allerdings nur skizzieren, weil eine vollständige Darstellung für dieses Büchlein zu umfangreich wäre.

Wir betrachten eine polynomiale Gleichung der Form

$$f(x) := x^n + a_{n-1} x^{n-1} + \cdots + a_1 x + a_0 = 0. \tag{2.65}$$

---

[4]Die Nichtvertauschbarkeitsrelation (2.63) ist wesentlich für den Heisenbergschen Aufbau der Quantenmechanik.

Diese Gleichung soll Lösungen $x_1, \ldots, x_n$ haben (die möglicherweise nicht alle voneinander verschieden sind), und diese möchten wir auch finden. Wir haben also zwei Fragen, ob es Lösungen gibt und wie man sie finden kann.

Wenn wir mit dem Körper $\mathbb{Q}$ der rationalen Zahlen anfangen, so gibt es, auch wenn die a_i sämtlich in $\mathbb{Q}$ liegen, nicht unbedingt auch Lösungen in $\mathbb{Q}$, wie schon die Beispiele $f(x) = x^2 - 2$ und $f(x) = x^2 + 1$ zeigen. Wir müssen daher die Lösungen in einem größeren Körper als $\mathbb{Q}$ suchen, also den Körper $\mathbb{Q}$ geeignet erweitern. Der Fundamentalsatz der Algebra besagt, dass jede Gleichung der Form (2.65) in $\mathbb{C}$ lösbar ist. Wir wollen den Beweis hier allerdings nicht darstellen, weil er aus dem Gebiet der Algebra herausführt. Dies liegt daran, dass $\mathbb{C}$ auch Zahlen enthält, die keine Lösungen irgendwelcher algebraischen Gleichungen sind, wie z. B. e oder π.

Jedenfalls reicht zu jedem gegebenen f auch ein kleinerer Körper aus. Und der Fundamentalsatz der Algebra ist ein abstrakter Existenzsatz, der uns noch nicht verrät, wie wir die Lösungen finden können. Insbesondere fragt es sich, ob, oder genauer für welche Gleichungen wir die Lösungen durch die arithmetischen Operationen der Addition, Subtraktion, Multiplikation, Division und das Ziehen von Wurzeln konstruieren können.

Beginnen wir mit der zweiten Frage. Es gebe also in einem geeigneten Körper, beispielsweise $\mathbb{C}$, Lösungen $x_1, \ldots, x_n$ von (2.65). Wir können dann

$$x^n + a_{n-1}x^{n-1} + \cdots + a_1 x + a_0 = (x - x_1)(x - x_2) \ldots (x - x_n) \qquad (2.66)$$

schreiben. Mittels (2.66) lassen sich nun die Koeffizienten $a_1, \ldots, a_n$ als Funktionen dieser Wurzeln $x_1, \ldots, x_n$ darstellen,

$$a_{n-1} = -(x_1 + \cdots + x_n)$$
$$\vdots$$
$$a_0 = (-1)^n x_1 \ldots x_n . \qquad (2.67)$$

Diese Funktionen sind *symmetrisch* in den Wurzeln $x_1, \ldots, x_n$; übrigens ist jede symmetrische Funktion der x_i aus diesen Funktionen konstruierbar. Nun brauchen wir aber eine Operation, die diese Symmetrie auflöst und die individuellen x_i aus diesen symmetrischen Funktionen extrahiert. Eine solche Operation, die die Symmetrie auflöst, ist das Wurzelziehen, denn für eine p-te Wurzel aus einer Zahl gibt es i. A. p verschiedene Lösungen. Beispielsweise werden die beiden Lösungen x_1, x_2 einer quadratischen Gleichung

$$0 = x^2 + a_1 x + a_0 = (x - x_1)(x - x_2) \tag{2.68}$$

durch

$$x_{1,2} = -\frac{a_1}{2} \pm \sqrt{\frac{a_1^2}{4} - a_0} \tag{2.69}$$

gewonnen, also aus den symmetrischen Funktionen $-a_1 = x_1 + x_2$ und $a_1^2 - 4a_0 = x_1^2 - 2x_1 x_2 + x_2^2$. Die beiden Möglichkeiten $\pm$ bei der Wurzel lösen die Symmetrie auf.

Um nun die Lösungen zu bekommen, führen wir Körpererweiterungen ein. Es sei k ein Körper. In unseren Anwendungen wird dieser Körper der Körper $\mathbb{Q}$ der rationalen Zahlen sein, aber alle Konstruktionen funktionieren auch für Körper, die $\mathbb{Q}$ als Teilkörper enthalten. (Solche Körper haben per.def. die Charakteristik 0.) Ein Körper K, der k als Teilkörper enthält, heißt endliche Erweiterung von k, wenn die Gruppe G der Automorphismen von K, die auf k die Identität sind, also alle Elemente von k festlassen, endlich ist. Wir nehmen auch umgekehrt an, dass G nur die Elemente von k festlässt, dass es also kein $a \in K, a \notin k$ mit $ga = a$ für alle $g \in G$ gibt. Diese Gruppe heißt dann die *Galoisgruppe* der Körpererweiterung (und diese heißt dann Galoiserweiterung), und der Körpergrad $[K : k]$ der Erweiterung kann als die Ordnung dieser Gruppe, also die Zahl ihrer Elemente, bestimmt werden, wie ein Satz der Galoistheorie besagt (s. Satz 2.9.2). Wir nehmen hier an, dass diese Ordnung endlich ist, dass es sich also um eine endliche Körpererweiterung handelt. Zu einem vorgegebenen f suchen wir dann die kleinste Körpererweiterung von $\mathbb{Q}$, die alle Lösungen von (2.65) enthält. Beispielsweise hat die quadratische Gleichung $x^2 - 2 = 0$ nach (2.69) die beiden Wurzeln $x_1 = \sqrt{2}$, $x_2 = -\sqrt{2}$. Der gesuchte Erweiterungskörper ist $\mathbb{Q}(\sqrt{2})$, also der Körper, der $\mathbb{Q}$ und alle Zahlen enthält, die durch arithmetische Operationen aus $\sqrt{2}$ gewonnen werden können. Dies ist der kleinste Körper, der $\mathbb{Q}$ umfasst und die Lösungen unserer Gleichung enthält. Die Galoisgruppe dieser Körpererweiterung ist $\mathbb{Z}_2$; das nichttriviale Element g dieser Gruppe überführt $\sqrt{2}$ in $-\sqrt{2}$ und lässt natürlich alle Elemente aus $\mathbb{Q}$ fest. Dies ist tatsächlich ein Automorphismus von $\mathbb{Q}(\sqrt{2})$, weil beispielsweise $g(q_1 + q_2\sqrt{2}) = q_1 - q_2\sqrt{2} = q_1 + q_2 g(\sqrt{2})$ für $q_1, q_2 \in \mathbb{Q}$ ist. Analog ist die zu $x^2 + 1 = 0$ gehörende Körpererweiterung $\mathbb{Q}(i)$ mit $i = \sqrt{-1}$.

Für ein Polynom höheren Grades gibt es i. A. mehr als zwei Wurzeln. Es sei z. B. f in (2.65) ein Polynom n-ten Grades, dessen Wurzeln $x_1, \ldots, x_n$ alle voneinander verschieden sind. Möglicherweise sind einige von ihnen rational. Aber auch zwischen denjenigen, die nicht rational sind, kann es rationale Beziehungen geben. Beispielsweise hat das Polynom $x^5 - 1$ die Wurzeln $x_k = e^{i(k-1)\frac{2\pi}{5}}$ für $k = 1, \ldots, 5$. Unter diesen ist $x_1 = 1$ rational. Die anderen 4 Wurzeln sind nicht rational, erfüllen aber die rationalen Relationen $x_2 + x_4 = 0$ und $x_3 + x_5 = 0$. Die Galoisgruppe der zu diesem Polynom gehörenden Körpererweiterung muss daher x_1, $x_2 + x_4$ und $x_3 + x_5$ festlassen. Unter diesen Einschränkungen können die Wurzeln vertauscht werden.

Die Galoisgruppe G^f zu einem Polynom n-ten Grades ist immer eine Untergruppe der symmetrischen Gruppe S_n, die die Wurzeln vertauscht. Daher bleiben alle symmetrischen Funktionen der Wurzeln, also alle Koeffizienten $a_1, \ldots, a_n$ in (2.65) invariant. Wie dargelegt, muss G^f aber nicht nur die symmetrischen Funktionen, sondern alle rationalen Beziehungen zwischen den Wurzeln invariant lassen, und wenn es nichttriviale derartige Beziehungen gibt, ist sie daher nicht die volle symmetrische Gruppe, sondern eine echte Untergruppe.

Der Satz von Galois besagt nun

Satz 2.9.1 *Die Gleichung (2.65) ist genau dann durch arithmetische Operationen und Wurzelziehen vollständig lösbar, wenn die zugehörige Galoisgruppe G^f auflösbar ist.*

Es muss also eine Familie

$$G^f =: G_0 \supset G_1 \supset \cdots \supset G_m = \{e\} \tag{2.70}$$

geben, bei der jedes G_k Normalteiler von G_{k-1} ist und die Quotienten G_{k-1}/G_k zyklisch von Primzahlordnung p_k sind. Die Ordnung p_k dieses Quotienten besagt dann gerade, dass auf dieser Stufe eine p_k-te Wurzel gezogen wird.

Zu jeder Untergruppe G der symmetrischen Gruppe S_n lässt sich umgekehrt eine Körpererweitung von $\mathbb{Q}$ mit Galoisgruppe G konstruieren und ein Polynom finden, dass für seine Wurzeln diese Körpererweiterung erfordert. Und wenn G nicht auflösbar ist, können die Wurzeln dann nicht durch Wurzelziehen gewonnen werden. Und weil nun S_n für $n \geq 5$ nicht mehr auflösbar ist, ist das allgemeine Polynom vom Grade ≥ 5 nicht mehr durch Wurzelziehen lösbar, wie schon vor Galois von Abel herausgefunden worden war.

Der Hauptsatz der Theorie von Galois stellt nun einen Zusammenhang zwischen Körpererweiterungen und Normalteilern von Galoisgruppen dar; wir wollen ihn abschließend zitieren.

Satz 2.9.2 *Es sei K eine Galoiserweiterung eines Körpers k der Charakteristik 0, also eines Körpers, der die rationalen Zahlen $\mathbb{Q}$ als Teilkörper enthält. Für jeden Teilkörper $k \subset F \subset K$ ist dann K auch eine Galoiserweiterung von F, und es sei $G(K/F)$ die Galoisgruppe dieser Körpererweiterung, und für jede Untergruppe H*

von $G = G(K/k)$ sei F^H der von allen Elementen von H festgelassene Teilkörper von K. Dann sind die Abbildungen

$$H \mapsto F^H$$
$$F \mapsto G(K/F)$$

zueinander inverse Bijektionen.

Der Grad $[K : F]$ der Körpererweiterung ist gleich der Ordnung der Gruppe $G(K/F)$.

Und H ist genau dann ein Normalteiler von G, wenn auch die Körpererweiterung F^H/k galoissch ist, und dann ist $G(F^H/k) = G/H$.

Je größer die Galoisgruppe, umso kleiner der Körper, und umgekehrt. $H_1 \subset H_2$ entspricht also $F^{H_2} \subset F^{H_1}$.

Manche Leute lesen nur die ersten paar Seiten eines Buches. Und damit die gelesenen Seiten dann nicht aus einem länglichen Vorwort bestehen, habe ich auf ein solches verzichtet, sondern lieber direkt mit einem bekannten und grundlegenden Beispiel begonnen, den natürlichen Zahlen. Diese lassen sich zu den ganzen, rationalen, reellen oder komplexen Zahlen erweitern. Diese Erweiterungen werden deshalb vollzogen, um uneingeschränkt rechnen, also subtrahieren, dividieren oder algebraische Gleichungen lösen zu können. Das für uns Wichtige ist, dass hierdurch algebraische Strukturen geschaffen werden, und zwar diejenigen der Gruppe, des Ringes und des Körpers. Diese sind jeweils durch bestimmte Regeln für algebraische Operationen definiert. Die Prototypen sind die Addition und die Multiplikation der ganzen oder der rationalen Zahlen. Die Operationen werden einerseits auf die Elemente der Struktur, hier also die Zahlen, angewandt. Andererseits erzeugen diese Elemente die Operationen. Aus einer Zahl erhalten wir so die Addition oder die Multiplikation mit dieser Zahl.

Die Operationen müssen assoziativ sein, d.h., das Ergebnis hängt nicht von der Reihenfolge ihrer Ausführung ab. Allerdings kann es von der Reihenfolge der Elemente abhängen, auf die sie angewandt werden. Wenn es auch nicht auf die Reihenfolge der Elemente ankommt, wie bei der Addition und Multiplikation von Zahlen, heißt die entsprechende Struktur kommutativ.

Eine Gruppe besitzt nun eine Struktur, bei der alle Operationen invertiert, also durch inverse Operationen rückgängig gemacht werden können, und es ein neutrales Element e gibt, dass der trivialen Operation entspricht, die nichts verändert. Das Ausgangsbeispiel ist die Addition der ganzen Zahlen, mit der 0 als neutralem Element. Ein Ring besitzt noch eine weitere Operation, die distributiv über der ersten ist, wie die Multiplikation der ganzen Zahlen. Wir nehmen meist an, dass beide Operationen kommutativ sind und dass die zweite auch ein neutrales Element besitzt,

© Springer Fachmedien Wiesbaden GmbH, ein Teil von Springer Nature 2019   37
J. Jost, *Algebraische Strukturen*, essentials,
https://doi.org/10.1007/978-3-658-28315-5_3

1 genannt. Und wenn dann auch die zweite Operation invertierbar ist, außer für die 0, so haben wir einen Körper, beispielsweise den Körper der rationalen Zahlen.

Aber wenn die ganzen oder die rationalen Zahlen die einzigen Beispiele solcher Strukturen wären, so wäre der mathematische Nutzen ihrer Einführung gering. Tatsächlich gehören aber Gruppen, Ringe und Körper zu den wichtigsten mathematischen Strukturen überhaupt. Gruppen treten in fast jedem mathematischen Gebiet auf. Um das zu erläutern, ziehen wir ein anderes Beispiel als die ganzen Zahlen heran, und zwar die symmetrische Gruppe $\mathfrak{S}_n$ der Vertauschungen oder Permutationen von n Elementen, mit der Komposition (Hintereinanderausführung) von Permutationen als Gruppenoperation. In einer abstrakteren Formulierung interpretieren wir eine Permutation als einen Automorphismus, also eine strukturerhaltende Selbstabbildung, einer Menge von n Elementen. Da die Struktur einer Menge trivial ist, können wir ihre Elemente beliebig vertauschen. Wenn es mehr Struktur gibt, sind nicht mehr alle Vertauschungen strukturverträglich, und die Automorphismengruppe wird dann eine Untergruppe der symmetrischen Gruppe. Aber es bleibt eine Gruppe, und das ist das Wichtige. Beispielsweise sind die einzigen strukturerhaltenden Selbstabbildungen der Gruppe $\mathbb{Z}$ der ganzen Zahlen, also die Automorphismen dieser Gruppe, die Identität und die Abbildung $n \mapsto -n$. Die Automorphismengruppe von $\mathbb{Z}$ hat also nur zwei Elemente. Und um noch ein anderes Beispiel zu erwähnen, so sind die Automorphismen eines Graphen gerade diejenigen Vertauschungen seiner Knoten, die kantenerhaltend sind, also Kanten wieder in Kanten überführen. Wiederum ist dies eine Untergruppe der symmetrischen Gruppe der Knotenmenge.

Jede mathematische Struktur hat also eine Automorphismengruppe. Dies ist ein wesentlicher Grund, warum der Gruppenbegriff so wichtig für die Mathematik ist.

Nun kann eine Gruppe sehr kompliziert sein. Man versucht daher, eine Gruppe in einfachere Bestandteile zu zerlegen. Am besten sind natürlich solche Bestandteile, die einerseits im Bereich der Struktur verbleiben, also wieder Gruppen sind, aber andererseits selbst nicht mehr weiter zerlegbar sind. Um dies Prinzip auszuloten, beginnen wir mit einer Untergruppe H einer Gruppe G. Wir schreiben die Gruppenoperation hierzu multiplikativ, also $(g_1, g_2) \mapsto g_1 g_2$ als Verknüpfung der Elemente g_1 und g_2. Wir können dann eine Äquivalenzrelation auf G einführen, indem wir zwei Elemente g_1, g_2 identifizieren, wenn sie sich nur durch ein Element aus H unterscheiden, wenn es also ein $h \in H$ mit $g_2 = h g_1$ (oder äquivalent $g_1 = h^{-1} g_2$) gibt. Die Äquivalenzklassen bilden aber i. A. keine Gruppe. Damit die Menge G/H der Äquivalenzklassen eine Gruppe bildet, muss H ein Normalteiler von G sein, d. h. es muss, wenn $h \in H$, dann für jedes $g \in G$ auch $g^{-1} h g \in H$ sein. Wenn man also einen nichttrivialen Normalteiler H von G hat, so kann man G auf die beiden kleineren Gruppen H und G/H reduzieren. Man versucht dann, dieses Verfahren zu iterieren, bis man keine nichttrivialen Normalteiler mehr findet. Hierdurch gewinnt man dann die Klassifikation der endlichen Gruppen.

Ringe und Körper sind zwar nicht so weit wie Gruppen verbreitet, sind aber grundlegend für die algebraische Geometrie. Wenn U eine Menge und R ein Ring ist, so bilden die Funktionen $f : U \to R$ wieder einen Ring, da man auf ihre Werte die Operationen aus R anwenden kann. Bestimmte Klassen von Funktionen entsprechen dann bestimmten mathematischen Strukturen auf der Menge U. Wenn R der Ring $\mathbb{R}$ der reellen oder der Ring $\mathbb{C}$ der komplexen Zahlen ist, so passen die stetigen Funktionen zu einem topologischen Raum, die differenzierbaren Funktionen zu einer differenzierbaren Struktur, die holomorphen Funktionen zu einer komplexen Struktur und die Polynome zu einem algebraischen Raum. Die Theorie der Ringe wird daher ein wertvolles algebraisches Hilfsmittel zur Untersuchung derartiger Strukturen.

Nun hätte man aber gerne einen Körper und nicht nur einen Ring. Das gelingt aber nicht, denn eine Funktion $f : U \to R$ kann an einigen Stellen den Wert 0 annehmen, ohne dies schon an allen Stellen in U tun zu müssen. Durch eine solche Funktion kann man dann nicht dividieren, und daher bilden die Funktionen keinen Körper. Um dies strukturell behandeln zu können, benötigt man ein Konzept, das für die Theorie der Ringe eine ähnlich große Bedeutung hat wie das Konzept des Normalteilers in der Gruppentheorie. Dies ist der Begriff des Ideals. Ein Ideal I eines Ringes R ist nicht nur ein Unterring von R, sondern für jedes $i \in I$ und jedes $m \in R$ muss auch $mi \in I$ sein. I muss also abgeschlossen unter der Multiplikation mit beliebigen Elementen aus R sein. In einem Körper K gibt es nur zwei Ideale, die beide trivial sind, und zwar K selbst und das nur aus der 0 bestehende Ideal, denn es ist $m0 = 0$ für alle $m \in K$. Je mehr Ideale ein Ring enthält, umso verschiedener ist er von einem Körper, und umgekehrt lassen sich aus einem Ring auch kleinere Körper konstruieren, indem man bestimmte Ideale in geeigneter Weise herausteilt. Dies führt dann in die Theorie der Schemata, die moderne Grundlage der algebraischen Geometrie. Diese Theorie kann allerdings hier nicht mehr behandelt werden, sondern wird in einem nachfolgenden Text [3] in dieser Reihe dargestellt.

Und die angeklungenen strukturellen Überlegungen lassen sich weiter abstrahieren und dadurch für die Mathematik noch fruchtbarer machen. Dies werde ich in [2] entwickeln.

Umgekehrt ist das Material dieses Textes größtenteils aus [1] extrahiert und adaptiert. Dieser Text eignet sich daher in natürlicher Weise zur weiteren Lektüre. Klassische Lehrbücher der Algebra sind [4, 5]. Leserinnen und Leser werden bemerkt und vielleicht auch bedauert haben, dass in diesem Bändchen viele Beweise ausgelassen sind. Diese finden sich in den genannten und vielen anderen Lehrbüchern.

Was Sie aus diesem *essential* mitnehmen können

Die Rechenstrukturen auf den natürlichen, ganzen und rationalen Zahlen lassen sich abstrakt fassen und führen dann auf die grundlegenden algebraischen Strukturen des Monoids, der Gruppe, des Ringes und des Körpers. Eine solche Abstraktion wäre aber nutzlos, wenn es nicht auch andere Monoide, Gruppen, Ringe oder Körper gäbe. Wichtige Beispiele sind einmal die ganzen Zahlen modulo p; wenn p eine Primzahl ist, erhalten wir sogar einen (endlichen) Körper, ansonsten nur einen Ring. Zum anderen gibt es die symmetrische Gruppe, die Gruppe der Permutationen von n Objekten. Zwar ist diese Gruppe im Unterschied zu den vorstehenden Beispielen nicht mehr kommutativ, denn bei mehreren Permutationen hängt das Ergebnis davon ab, in welcher Reihenfolge diese vorgenommen werden, aber sie ist in dem Sinne universell, dass jede endliche Gruppe als Untergruppe einer symmetrischen Gruppe dargestellt werden kann. Und bei der Behandlung der Galoistheorie haben wir gesehen, dass die Permutationen der Wurzeln einer algebraischen Gleichung mit den Körpererweiterungen zusammenhängen, die erforderlich sind, um diese Wurzeln ausgehend von den rationalen Zahlen zu erhalten.

Und wir haben ein fundamentales mathematisches Prinzip kennen gelernt, dass man nämlich für eine Strukturtheorie einer Klasse von Objekten diese in ihre elementaren Bestandteile zerlegen sollte. In der Gruppentheorie hat uns dies auf das Konzept des Normalteilers geführt. Eine Gruppe kann durch eine normale Untergruppe geteilt werden, und dadurch gewinnt man dann eine einfachere Gruppe als Quotienten. Die einfachen Gruppen, also diejenigen, die keine Normalteiler besitzen, sind dann die elementaren Bausteine der Klassifikation.

© Springer Fachmedien Wiesbaden GmbH, ein Teil von Springer Nature 2019   41
J. Jost, *Algebraische Strukturen*, essentials,
https://doi.org/10.1007/978-3-658-28315-5

Und schließlich haben wir vor allem das Konzept des Homomorphismus kennen gelernt, der strukturerhaltenden Abbildung. Ein Gruppenhomomorphismus bildet beispielsweise eine Gruppe auf eine andere Gruppe derart ab, dass die Gruppenoperationen gewahrt bleiben, dass also das Bild einer Summe gleich der Summe der Bilder ist. Dieser strukturelle Gedanke durchzieht eigentlich die gesamte moderne Mathematik, und er wird in der Kategorientheorie abstrakt behandelt.

Literatur

1. J. Jost, Mathematical concepts, Springer, 2015
2. J. Jost, Kategorientheorie, erscheint in den Springer Essentials
3. J. Jost, Schemata, erscheint in den Springer Essentials
4. S. Lang, Algebra, Springer, 3. Aufl., 2002
5. B. van der Waerden, Algebra I, II, Springer, 9. bzw. 6. Aufl., 1993
6. R. Wilson, The finite simple groups, Graduate Texts in Mathematics 251, Springer, 2009

© Springer Fachmedien Wiesbaden GmbH, ein Teil von Springer Nature 2019   43
J. Jost, *Algebraische Strukturen*, essentials,
https://doi.org/10.1007/978-3-658-28315-5